U0288127

北京市教委"教学质量提高"项目支持
北京电影学院美术系学术委员会

影视数字绘画

李光　王征　著

CFP 中国电影出版社

图书在版编目（CIP）数据

影视数字绘画 / 李光，王征著 .—北京：中国电
影出版社，2015.1 （2019.10 重印）
ISBN 978 - 7-106-04067-3
Ⅰ.①影… Ⅱ.①李…②王… Ⅲ.①图形软件
Ⅳ.①TP391.41
中国版本图书馆 CIP 数据核字 (2014) 第 275498 号

责任编辑：纵华跃 王宁
责任校对：逸　风
责任印刷：张玉民

影视数字绘画

李光　王征　著

出版发行　中国电影出版社（北京北三环东路 22 号）　邮编 100029

电话：64296664 （总编室）　　　　64216278(发行部)

64296742 （读者服务部）　　Email: cfpygb@126.com

经　销　新华书店
印　刷　北京玺诚印务有限公司
版　次　2016 年 1 月第 1 版　2019 年 10 月北京第 2 次印刷
规　格　开本 /787×1092 毫米　1/16
　　　　印张 /12.25 字数 /253 千字
书　号　ISBN 978 - 7 - 106 - 04067 - 3
定　价　76.00 元

众所周知，电影的发展几乎都依赖于科技的进步，技术的进步必然对电影艺术创作与发展产生着巨大的影响。世界电影史上的每一次重大突破都与科技的进步相伴相生。尤其是这半个多世纪以来，虚拟与现实仿真技术、交互技术、虚拟环境、角色技术、特技模型、特效化妆、运动捕捉、绿幕合成预览、3D电影拍摄等技术的发展和应用，不仅对传统的电影创作与制作带来巨大的影响和变革，也对电影艺术的教育、教学和人才培养提出了前所未有的挑战。

《影视数字绘画》课程的设置正是北京电影学院美术系为顺应这一变革和挑战创立的，它是在校本科生第三学期学习电影视觉设计的重要基础新课程。虽说它新，但也在举步蹒跚中走过了六个年头，好在有杰出的青年数字图像艺术家李光的辛勤培育才得以健康成长，并有了这本著作的诞生。

《影视数字绘画》适应于现当代电影产业数字化发展的需要。它针对电影艺术创作中的可视化的故事版、场景空间设计、人物造型设计、虚拟现实预览，特别是在电影特效后期制作发挥了重大作用。几乎电影中所涉及的各个视效部分都是由数字绘画的手段来辅助完成。《影视数字绘画》课程是北京电影学院美术系所开设本科课程的重要组成部分，为后续专业课程教学的开展提供相关技术支撑。

对于数字绘画教学工作来讲，该阶段主要通过接触数字绘画软件、数字绘画操作步骤、分类研究、实例研究与后期合成以及三维投射研究等几个板块来进行，旨在帮助学生建立计算机思维和正确运用数字绘画技能，最终实现数字画面与三维技术、合成技术相结合的数字合成镜头。数字绘画作为专业基础课程会在计算机绘画语言与传统绘画语言上进行比较研究，通过实例示范教学，转变学生对于数字图像的传统认识，实现现代数字影视手段的转换。这种教学方式在国外的影视课程教授中也是比较普遍的。现今在不同造型艺术领域，数字绘画贯穿其中。图形图像的视觉效果设计、处理和实现越来越依赖于计算机技术，计算机也逐渐成为了视觉艺术创作的重要工具与手段，如何通过数字绘画教学拓展我们对传统视觉造型艺术的认识亦是十分必要的。

本书的作者李光，本科毕业于清华大学美术学院绘画系；硕士研究生毕业于北京电影学院美术系特技创作研究方向。现为北京电影学院美术系博士研究生在读，师从王鸿海教授。期间他一直专注于专业教学和艺术创作，并长期担任北京电影学院美术系的本科教学工作。同时完成了大量的影视剧的前期和后期的创作制作，有着扎实的绘画基础和教学能力，具有丰富的实践经验。此本图文并茂的教材也是结合他所授课程的教学成果和创作成果完成的。本教材的合著人王征现为北京电影学院美术系硕士研究生，他从本科到研究生的主攻方向都是影视数字特技，做过很多影视特技项目，熟悉影视制作流程。由他们共同完成的《影视数字绘画》相信会给广大影视从业者与影视学校的学生带来一个关于数字绘画的清晰轮廓，也为进入到影视数字制作行业开启一扇大门。

敖日力格
2015年6月

目录

第五章 镜头画面设计基础

第八章 高级数字绘画：Matte Painting 数字绘景

第九章 数字绘景与 3D 结合

第一章 走进数字绘画

1.1 数字绘画的发展历程

数字绘画的发展离不开计算机硬件的革新和计算机图形图像学的进步。

时间追溯到 1946 年，世界上第一台计算机"埃尼阿克"（ENIAC）在美国宾夕法尼亚大学诞生。它使用了 18800 个真空管，长 50 英尺，宽 30 英尺，占地 1500 平方英尺，重达 30 吨。当年的"埃尼阿克"和现在的计算机相比，还不如一些高级袖珍计算器，但它的诞生标志着人类的科学技术来到了新的时代，使得人类社会发生了巨大的变化。从此，人类科学的发展脚步与计算机紧密联系在了一起。

1950 年，美国麻省理工学院研发的旋风 I 号（Whirlwind 1）计算机首次使用了第一台图形显示器。同年，美国数学家兼艺术家本·拉普斯基（Ben Laposky）创作了最早的由计算机生成的图像《电子抽象》（*Electronic Abstractions*），它可以说是电脑技术最早应用于艺术创作的系列作品。

图 1-1　1946 年 2 月 14 日，世界上第一台计算机"埃尼阿克"（ENIAC）在美国宾夕法尼亚大学诞生。

图 1-2　冯·诺依曼（John von Neumann，1903~1957），20 世纪最重要的数学家之一，在现代计算机、博弈论和核武器等诸多领域内有杰出建树，是最伟大的科学全才之一，被称为"计算机之父"和"博弈论之父"。

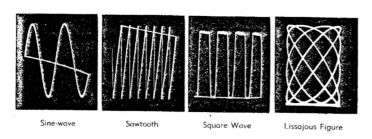

Sine-wave　　Sawtooth　　Square Wave　　Lissajous Figure

图 1-3　在受控制的阴极射线管示波器荧光屏上产生出各种数字曲线，他将这些用高速胶片拍摄下来的图像命名为《电子抽象》。

1963 年，有"虚拟现实之父"和"计算机图形之父"之称的伊文·苏泽兰（Ivan Sutherland）在麻省理工学院发表了博士论文《画板》（*Sketchpad*），他开发出的软件 Sketchpad 可以说是真正意义上的计算机图形绘图软件，他标志着计算机图形学的正式诞生，也为使用计算机进行艺术创作提供了软件基础和理论基础。

1970 年，计算机 IBM S/370 是 IBM 的更新换代的重要产品，采用了大规模集成电路代替磁芯存储，小规模集成电路作为逻辑元件，并使用虚拟存储器技术，将硬件和软件分离开来，从

图 1-4　工作中的伊文·苏泽兰（Ivan Sutherland）及对 Sketchpad 的演示。

图 1-5　IBM S/370 引入了虚拟存储器的概念，图为 IBM S/370 195 型计算机。

图 1-6　16 色屏幕的 Apple II 于纽约电脑展。

图 1-7　Photoshop 的创始人：Thomas Knoll 与 John Knoll。

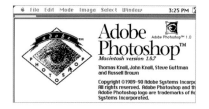

图 1-8　Photoshop1.0 的启动页面

而明确了软件的价值。

可以说从计算机的诞生开始，短短的几十年间，计算机的发展突飞猛进。特别是针对主要电子器件的更新换代，从第一代计算机中使用的真空电子管再到第四代计算机中使用的大规模和超大规模集成电路，每一次更新换代都使计算机的体积和耗电量大大减小，功能大大增强，应用领域进一步拓宽。

1977 年 4 月，Apple II 是计算机史上第一个带有彩色图形的个人计算机。

1982 年，Adobe 公司成立，它可谓是世界领先的数字媒体供应商。其总部位于美国加利福尼亚州，是美国最大的个人电脑软件公司之一。

1983 年，Wacom 公司成立，率先研制并将数位板和无线压感笔投入应用，有效地解决了数字绘画中人机交互的难题。

1984 年，美国苹果 Apple 电脑公司推出 Macintosh（简称 Mac）麦金塔系列电脑。而麦金塔电脑首次将图形用户界面广泛应用到个人电脑之上。

1987 年，美国密西根大学的博士生 Thomas Knol 编制了一个程序，当时的目的是为了在 Macintosh Plus 把一些照片转换成灰色调。其兄弟 John Knoll 当时就职于工业光魔（此公司曾给《星球大战 2》做特效），支持并帮助了 Thomas，两人一起将其开发成更完整的图像编辑器。后将其改名为 Photoshop，并被 Adobe 公司收购。在 1990 年 2 月份，Photoshop 1.0 发布。Adobe 公司研发的产品众多，其中 Photoshop 可谓是图形元老级软件。

数字技术的不断发展、图形图像学以及图形硬件的不断革新，推动着整个数字艺术领域的前进，数字绘画就是在这样一个大的环境下不断发展的。伴随着 Photoshop、Painter、SAI 等绘画软件的研发，数字绘画已经具备了软件与硬件的支持，为数字绘画的发展提供了良好的平台，从而不断的涌现出大量的数字艺术作品。

科学与艺术的结合、数字与美学的碰撞，让当下的艺术世界变得丰富多彩。对于将要学习数字绘画的我们来说，不要排斥任何创作工具。数字技术只是我们创作的一种手段，只有熟练掌握创作工具，了解新工具的方式、方法，才能更好地完成我们的艺术作品、表达我们的艺术观念。与此同时，新工具的使用也将会给我们带来一个更加崭新的视野和平台。

1.2　相关软件、硬件及常用图像格式

1.2.1 图形图像类软件的迅猛发展

随着计算机图形图像学的飞速发展，以及各大软件厂商的竞争，逐渐出现了我们现在常见的几大系列图形图像软件，当然也包括很多支持大型软件的各类插件。这些功能各异的软件都具有各自的优势和特点。它们会随着每一项图形学技术的进步而进行深刻地变革。因此，多了解一些软件知识并找到它们各自的优势，对于我们在制作过程中提高创作效率、优化工作流程、提升画面效果等都有很大的帮助。

在本书当中，我们更侧重在数字图形的绘制方面，主要利用 Adobe Photoshop 这款图形软件，来介绍其在数字绘画创作中的方式和方法。而对于像 Corel Painter、SAI、Open Canvas 等绘画软件并没有涉及到，这是因为 Photoshop 除了具有绘画功能外，还具有强大的合成和后期处理功能，尤其是在电影领域的应用。另外也是希望能通过 Photoshop 的使用以点带面，来说明图形软件的共性，并且软件作为工具，它只是我们创作的一种手段，不应成为我们的束缚，创作的好坏不是由软件决定，而是我们自己。

为了更全面的了解数字绘画的方式方法，后面的章节中也包含了三维技术手段对数字绘画的辅助应用、影视数字绘景中2D 与 3D 结合运用，以及数字绘景的三维投射等方面内容，所以在此也一并对三维软件进行一些简单的介绍。

Adobe Photoshop

Adobe 这个词对于大多数从事数字艺术的工作者和爱好者来说并不陌生，其系列软件包括 Photoshop、Illustrator、Flash、Dreamweaver、Premiere Pro、After Effects 等软件。

Photoshop 是一款最受欢迎的图形软件之一。不过多数人对于 Photoshop 的了解仅限于图像编辑软件，并不知道它诸多方面的应用。实际上，Photoshop 的应用领域十分广泛，Photoshop 还常用来进行数字绘画创作，包括插画、游戏原画、概念设计、Matte Painting 绘制与制作、三维材质的绘制

SAI 简介

SAI 的英文名叫 Easy Paint Tool SAI，是由日本 SYSTEMAX 公司销售的一款绘图软件。包含喷枪、水彩笔、马克笔等栅格化绘图工具，以及矢量绘图工具。

Open Canvas 简介

Open Canvas（简称 OC）是日本一款主要用于插画创作的 CG 绘图软件。其界面简洁、直观，并且拥有丰润色彩。通过 Open Canvas 能够绘制出光滑又完美的线条、还可以绘画出如水彩画般的笔触及轮廓等。

Adobe Photoshop 的简要发展历程

1990 年 2 月 Adobe Photoshop 1.0.7；

1991 年 6 月 Adobe Photoshop 2.0；

1994 年 Adobe Photoshop 3.0；

1997 年 9 月 Adobe Photoshop 4.0；

1998 年 5 月 Adobe Photoshop 5.0；

1999 年 Adobe Photoshop 5.5；

2000 年 9 月 Adobe Photoshop 6.0；

2002 年 3 月 Adobe Photoshop 7.0；

2003 年 Adobe Photoshop 7.0.1；

2003 年 10 月 Adobe Photoshop CS 8.0；

2005 年 4 月 Adobe Photoshop CS2；

2007 年 4 月 Adobe Photoshop CS3；

2008 年 9 月 Adobe Photoshop CS4；

2009 年 11 月 Photoshop Express；

2010 年 05 月 Adobe Photoshop CS5；

2012 年 3 月 Adobe Photoshop CS6；

2013 年 6 月 Adobe Photoshop CC（Creative Cloud）；

2014 年 6 月 Adobe Photoshop CC 2014。

图 1-9 Adobe photoshop CC 启动界面

等。在电影特效领域，很多特效合成的原理至今依然延续着 Photoshop 中的理念。Photoshop 还与其他 Adobe 应用程序整合，例如跟 After Effect 和 Premiere 整合，用于视频合成，跟 InDesign 结合，排版书籍以及设计电子杂志。不管你是设计师、摄影师、还是视频制作艺术家，Adobe Photoshop 都会给你提供优秀的解决方案，来实现创造性的视觉效果。

Painter

Painter，意为"画家"，由 Corel 公司开发，是一款极其优秀的仿自然绘画软件。用 Painter 为其图形处理软件命名真可谓是实至名归。它拥有全面和逼真的仿自然画笔，是专门为渴望追求仿真传统绘画的数字艺术家而开发的。与 Photoshop 相似，Painter 也是基于栅格图像处理的图形处理软件。不过，它也有着显著的不同，它模拟了现实中作画工具和纸张的效果，为艺术家的创作提供了极大的自由空间，使得在电脑上作画就如同纸上一样简单，无论是水墨画、油画、水彩画还是铅笔画、蜡笔画都能轻易绘出。

图 1-10 Corel Painter 2015 启动界面

Autodesk Maya 与 Autodesk 3Ds

Autodesk 公司是全球最大的二维、三维设计软件公司。对于影视特效中常用的三维软件，大部分都是该公司旗下的产品。例如，我们经常听到的 Maya，是美国 Autodesk 公司出品的世界顶级的三维动画软件，应用对象是专业的电影特技、影视广告、角色动画等。Maya 功能完善，工作灵活，易学易用，制作效率极高，渲染真实感极强，是电影级别的高端制作软件。如获得过奥斯卡最佳视觉效果奖的《深渊》，以及《侏罗纪公园》《星球大战》《指环王》等影片都是有 Maya 的参与，它和影视特效结下了不解之缘。

另一款与 Maya 齐名的三维软件就是 3Ds Max，它共同和 Maya 占据着大部分影视特效市场。从它出现的那一天起，即受到了全世界无数三维动画制作爱好者的热情赞誉。3Ds Max 也不负众望，屡屡在国际上获得大奖。当前，3Ds Max 已逐步成为在个人 PC 机上最优秀的三维动画制作软件。3Ds Max 最初被使用在游戏和建筑模型制作方面，随着软件版本的提高和技术的提升，以及各大插件对其功能的增强，3Ds Max 的应用范围不断扩大，在影视特效中发挥着重要作用，如《X 战警》《最

欧特克助力影视特效

获得"最佳视觉效果奖"提名的影片《星际穿越》《美国队长 2：冬日战士》《猩球崛起 2：黎明之战》《银河护卫队》和《x 战警：逆转未来》，这些影片均借助欧特克精湛的技术得以将最佳视觉效果呈现给全球观众。这五部影片中精彩绝伦的视觉效果由来自全球四大洲 25 家视觉特效工作室的数千位顶尖艺术家倾力打造，他们的工作涵盖了从视觉预览到虚拟摄影，再到后期制作和色彩校正的整个电影制作过程。

迄今为止，已有数千部运用欧特克视觉特效解决方案所创作的影视娱乐作品荣获大奖。自 1993 年以来的顶级大片中，有三分之二应用了欧特克的视觉特效和剪辑技术。欧特克的 CG 故事已经是成为当代电影工艺史上当之无愧的传奇。

后的武士》《后天》《2012》等影片都有 3Ds Max 参与制作的身影。

ZBrush

图 1-11　Autodesk Maya 2015 启动界面

ZBrush 软件是一款自由进行雕刻创作的 3D 设计工具，ZBrush 的诞生带来了一场 3D 造型的革命。它的出现完全颠覆了过去传统三维模型的建造模式，解放了艺术家们的双手和思维，完全尊重设计师的创作灵感和传统工作习惯。

CG 艺术家可以通过手写板来控制 Zbursh 的笔刷工具，自由自在地随意雕刻自己头脑中的形象。至于拓扑结构、网格分布一类的繁琐问题都交由 Zbrush 在后台自动完成。它细腻的笔刷可以轻易塑造出皱纹、发丝、青春痘、雀斑之类的皮肤细节，包括这些微小细节的凹凸模型和材质。令专业 CG 艺术家兴奋的是，Zbursh 不但可以轻松塑造出各种数字生物的造型和肌理，还可以把这些复杂的细节导出成法线贴图和展好 UV 的低分辨率模型。这些法线贴图和低模可以被所有的大型三维软件识别和应用，成为专业影视、动画、游戏等制作领域里面最重要的建模辅助工具。

图 1-12　电影《诸神之怒》（*Wrath of the Titans*）画面

图 1-13　CG 艺术家 Masa Narita 制作的模型

1.2.2 数字绘画的硬件需求

1.2.2.1 常用计算机

台式机是一种由主机、显示器、键盘、鼠标等设备组成的桌面计算机，为现在主流的微型计算机。台式机的性能一般比笔记本电脑要强，扩展性要好，插槽也非常多，方便用户日后的升级使用。现在各大厂商还推出了将主要部件都集成在一起的电脑一体机。在制作一体机方面，Apple 公司是其中比较成熟的厂商之一。一体机比台式机少了机箱，结构更加简单。在无线技术的支持下又省去了很多连线，这让操作者使用起来更加方便快捷。

而真正作为电脑图像图形领域的主力军——图形工作站，是另一类高性能的微型计算机。其在图形处理能力、任务并行方面的能力表现尤为出色。它是为满足高端影视制作、动画制作、虚拟空间设计制作、科学研究、模拟仿真等专业领域而设计开发的具有极强的运算能力和高性能的图形、图像处理功能

图 1-14　多屏显示

图 1-15　艺术家 David Jon Kassan 使用 Ipad 绘制的作品

图 1-16　艺术家 David Jon Kassan 使用 Ipad 进行街头作画现场

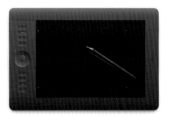

图 1-17　Wacom Intuos 5 数位板

的计算机。随着硬件技术的不断发展，笔记本性能也逐渐得到了提高，越来越多的人开始对笔记本图形工作站产生了兴趣。当下，DELL、联想、惠普等公司也不断再研发基于笔记本的高性能图形工作站。

除了台式机与笔记本外，平板电脑也逐渐成为人手必备的掌上娱乐平台。移动性和便携性是它最大的优势，丰富的 APP 应用程序扩展了它的功能，很多数字绘画艺术家尝试用它来进行数字绘画创作。

在尼古拉斯·尼葛洛庞帝 1995 写成的《数字化生存》一书中描绘了电脑的未来，大多数关于未来信息技术的设想都在 21 世纪实现了，人们不禁惊叹在 DOS 界面下的想象会如此准确。未来对于数字科技的依赖还会进一步加强，到那时，数字科技的进步会创造出更多、更有趣、更有互动和参与性质的艺术作品。

1.2.2.2　数位板的介绍及对操作系统的基本设置

数位板是我们进行数字绘画的一个重要硬件，它的研发解决了绘画者与计算机之间的输入性交互的问题，一块不大的矩形感应区正好映射于计算机屏幕，这足以让我们创作出丰富多彩的艺术作品。由于数位板核心技术的应用，即数位板感压功能的实现，使得我们可以找回画笔在纸上画画的感觉。比如 Wacom 影拓系列的专业绘图板具备 2048 级别的感压，这足以分辨出笔触间细小的压力变化，可以让我们在绘画时更好地控制和得到更自然的笔触。

我们可以结合软件的功能来模拟常见的水彩笔效果、毛笔效果、油画笔效果、喷枪效果等。不仅如此，数位板与图形软件的完美组合还能做出很多传统工具所无法实现的事情。目前来说，数位板已被广泛应用于电脑绘画、电影特效、游戏制作、工业设计等多个电脑辅助设计领域。我们所看到的很多电影视效大片，如《阿凡达》《变形金刚》《星球大战前传》等大片，其中很多恢弘壮大的场面和动感逼真的科幻角色，都需要数位板进行精雕细琢。

在本书当中，我们将会使用数位板在 Photoshop 中进行绘画，当我们安装好数位板驱动程序以后，数位板的指示灯将被全部激活。这意味着数位板已经可以工作了，不过此时还不能很流畅的用于数字绘画。这是因为使用手绘板时，如果是 Win7

用户，其上自带的手写输入软件 Tablet PC 就会被使用，其自带的一些功能会对我们正常使用数位板产生干扰，比如"按下并保持"会被当作右键使用，快速移动画笔会被当作"笔势"，所以在这之前还需要对操作系统进行一些简单的设置。不过需要注意的是，这些设置项只有在数位板与电脑保持连接的状态下可用。

关掉 Tablet PC 手写输入面板：

当我们使用数位板时，Tablet PC 手写输入面板会隐退到画面边缘，但当我们绘画过程中，偶尔会因为选择 Photoshop 工具而误碰 Tablet PC 手写输入面板，从而导致它弹出，影响作画效率。要想关闭 Table PC 面板，可以进入控制面板，打开"Tablet PC 设置"，切换到"其他"选项卡，然后点击"Tablet PC 输入面板选项"中的"转到输入面板设置"，在弹出的对话框中，取消"使用输入面板选项卡"选项即可，如图 1-18 所示。另外，我们也可以在弹出的 Tablet PC 输入面板上，直接点击上方"工具"菜单下的"选项"，也可以打开"Tablet PC 输入面板选项"。

图 1-18 Tablet PC 输入面板选项

关闭"按下并保持功能"和"笔势功能"：

当我们在绘画时，Win7 所提供的"按下并保持功能"被默认设置为"右键单击"，这将严重干扰我们使用数位板的作画流畅度。关闭它的方法是，打开控制面板中的"笔和笔触"，在"笔操作"项目栏中，选中"按下并保持"并单击右下方的"设置"按钮。在弹出的对话框中，取消勾选"启用右键单击的按下并保持时间"设置，这样"按下并保持"功能将不再起作用，如图 1-19 所示。

另外，当我们在绘画时，画笔运动的快慢和方向也会经常被操作系统误认为是笔势，在此也一并将其关闭。在"笔和笔触"中，切换到"笔势"选项卡，取消勾选"使用笔势迅速而且简便地执行常用操作"即可，如图 1-20 所示。

图 1-19 "笔和笔触"的按下并保持设

修改输入法快捷键：

还有一点需要说明的是，Photoshop 中的放大缩小的快捷操作可以通过"Ctrl+ 空格键"再配合数位板进行高效率的缩放操作。不过 Win7 系统默认的输入法快捷键切换刚好是"Ctrl+空格键"，这使得我们在放大缩小时，输入法总是不断切换，

图 1-20 "笔和笔触"的笔势设

图 1-21　输入法快捷键设置

图 1-22　输入法快捷键设置

并且在中文输入状态下，Photoshop 的某些快捷操作将不再起作用，所以在这里也对输入法的快捷键进行修改。

我们可以直接右键单击任务栏中的输入法图标，选择"设置"即可弹出"文本服务和输入语言"对话框，如图 1-21 所示。切换到"高级键设置"，在"输入语言的热键"项目中，选择"中文输入法 - 输入法 / 非输入法切换"选项并单击右下角的"更改按键顺序"按钮。在弹出的"更改按键顺序"对话框中，取消"启用按键顺序"的勾选即可，如图 1-22 所示。当然也可以修改按键顺序来排出冲突。设置完后需要重启才能生效。

对于数位板的功能以及自定义的知识，可以参阅设备的相关说明，在此不一一阐述。

1.2.3 认识常用的图像格式

我们绘制的或者是计算机计算生成的图像文件，都必须存储起来以备再次查看、处理或传播，而图像文件格式就是电脑对图像信息的特殊编码方式，也就是把图像的像素按照一定的方式进行组织和存储。

图 1-23　数字绘画作品

jpg

（Joint Photographic Experts Group 的缩写，即联合图形专家组图片格式）最适合于使用真彩色或平滑过渡式的照片和图片。该格式使用有损压缩来减少图片的大小，因此用户将看到随着文件的减小，图片的质量也降低了，当图片转换成 jpg 文件时，图片中的透明区域将转化为纯色。

psd

Adobe Photoshop 的系统文件格式，可以支持各种不同元素的分层显示和调用。因为是特别为 Photoshop 软件研发的格式，因此它与其他非 Adobe 公司生产的软件的兼容性较差。

exr

exr 是 OpenEXR 的缩写，这种格式是工业光魔（Industrial Light and Magic）为了保存电影胶片图像的彩色域值范围而开发的高动态范围图像格式。它支持浮点运算模式，具有广阔的亮度和色彩动态范围，是高质量影视作品目前最常用的一种格式。

tga

Targa 的缩写，是微软公司研发的基于 Windows 系统的文件格式，支持调色台对颜色曲线的控制，支持黑白模式，红、绿、蓝通道彩色模式，红、绿、蓝及透明通道的显示，每个通道使用 8 位位深的图像格式，支持无损压缩，因此文件占用的空间也比较大。

bmp

bmp（Windows 标准位图）是最普遍的点阵图格式之一，也是 Windows 系统下的标准格式，是将 Windows 下显示的点阵图以无损形式保存的文件，其优点是不会降低图片的质量，但文件大小比较大。

dpx

dpx（Digital Picture Exchange）数位图像转换的简写，是一种主要用于电影制作的格式，这种格式是早期 10 比特位深的电影胶片扫描格式 cineon 的升级版本。它支持多通道多位深图像，并且支持线性图像和 Log 图像数据转换。高清视频节目有时也使用这种格式。

tif

TIFF 的简称，它已经成为现今最为重要的图像格式之一，因为目前几乎所有已知的数字图像软件都支持这种格式，它的使用极其灵活，功能完备，支持多通道，允许图像在 8 位位深和 16 位位深之间进行转换，可以进行无损压缩。它支持调色台对颜色曲线的控制，支持黑背模式，红绿蓝通道彩色模式，红、绿、蓝及透明通道的显示，图片、照片和计算机生产的数字图像，除了将照片格式的文件压缩，使所占用的硬盘空间减少到 JPEG 或者 JPEG2000 格式的大小是它所做不到的之外，这几乎是一种理想的格式了。

gif

gif 是最常见的 8 位图像格式，在网页当中被广泛使用。这种格式支持动画和图像背景透明，同时支持 8 比特和 16 比特位深模式，可以对 RGB 通道进行无损压缩。

png

微软 Windows 系统研发出支持透明通道的与 gif 格式类似的图像格式。

1.3 数字绘画与传统绘画的关系

数字艺术是科学技术发展、人类文明进步的必然产物，其前所未有的艺术创作手段和视觉表现形式，给艺术家提供了极大的可能性和自由性。但不管是数字绘画还是传统绘画，其本质都是一种绘画创造，都是要表达我们自己的创作观念，两者最大的差异无非是创作手段的不同，所以我们不能将两者分开并对立起来。

其实两者并无冲突之处，只在于我们应该如何看待两者。很多人初识了数字绘画后，却忽视了对传统美术的学习，认为传统美术将被数字手段所取代，这是完全错误的观念。当下很多青年人盲目追求数字绘画的技术手段，盲目模仿某些"大家"的风格，而忽略了最本质的传统美术的学习，导致传播出的很多作品不管是颜色、造型还是整体风格都千篇一律，缺乏感染力和创造性，经不起推敲。所以一定要认清问题的所在，数字绘画的形成和发展离不开传统绘画的积淀，传统绘画在艺术发展史上所做出的贡献无可估量。数字绘画作为一种新型的艺术创作手段，虽然有其独特的艺术语言和创作方法，但却离不开传统美术精髓的熏陶与承接，两者都是为了记录绘画的审美意识与创作灵感。

任何事物都不可能离开周围的联系而独立存在，同样，传统绘画与数字绘画应当是相互依存、相互联系的。传统绘画所具有的深厚底蕴将推动着数字绘画向更高的方向发展，数字绘画所固有的特性也将给传统绘画带来更多的启发与反思。生活是艺术创作的源泉，灵感是艺术创作的灵魂。数字绘画要想保持其艺术性和生命力，就必须要明白，数字绘画中的"数字"只是艺术家进行创作的工具，它无法代替艺术家内心的创造性思维。因为真正的艺术创造永远取决于我们自己。

1.4 数字绘画在影视项目中的应用及对未来的展望

1.4.1 电影前期概念设计

在电影拍摄前期阶段，电影概念设计，尤其是在场景的前期设计阶段，在电影的整个制作过程中起到了重要的指导作用。

电影的最终呈现是将文学剧本转化为银幕上活动的视听影像。电影中栩栩如生的画面让观众们感觉仿佛身临其境，而这些视觉效果的背后离不开电影美术师的精心设计。传统的电影美术设计依赖于传统绘画工具的设计表达，虽然也能达到一定的视觉先导作用，但时效慢，画面效果不强烈，可修改性不高，指导效果不好。但在数字时代下出现的新的创作理念——使用数字绘画手段进行电影美术前期概念设计得到了更广泛地运用。尤其是好莱坞的科幻特效大片，在拍摄前期的概念设计阶段占据着重要环节。

电影前期概念设计不单是把电影剧本中的文字转化为可视化的图像，其更重要的任务是确定影片大的风格，为整个电影摄制组提供一个创作蓝图。对这一过程的研究一直以来都是电影导演、摄影师和视觉效果总监等讨论的重点之一。每部电影，导演都会有自己的创意构想，概念设计师通过绘制概念设计图来表现这一构想，概念设计师必须领会导演的创作意图、分析剧本、搜集素材，但这一过程更多的是强调"概念"，一直围绕着影片的大基调进行创作。

场景概念图可通过数字影像的方式反映出场景的造型设计在艺术上、技术上是否与影片的主题、题材、风格、基调、剧情、人物身份、性格等方面相吻合。可向导演、演员、摄影等部门事先提供未来影片直观的典型环境的形象画面。电影概念设计所绘制的场景概念图要体现场景的立体空间造型、场景基调、色彩处理、镜头画面构图、前后景关系和节奏。需重视环境气氛、地方特色、生活气息的描绘及渲染，并要考虑到电影的运动性、场面调度的处理、蒙太奇手法、造型设计的风格样式等。并且要经过主要创作人员的讨论，在导演的领导下统一集中创作意图和造型设想，最后要由主创人员签字。其对后面的拍摄甚至最终画面效果都具有非常重要的指导作用。

在剧本内容上进行探索

用直观的形式，让制片方、导演了解这部电影可以达到什么样的效果，出现什么样的内容。

场景在成本上的可行性

做场景概念图时要考虑到后期实施的可行性。从概念图上应能判断出这个场景大概所需费用。一般会以节约成本的方案为主。

图 1-24 电影《木星上行》（*Jupiter Ascending*）中的场景概念设计图。（CG 艺术家魏明 Allen Wei）

CG 艺术家魏明

电影《木星上行》（*Jupiter Ascending*）中的木星场景概念图出自中国的视效团队 More VFX。MORE VFX 的创始人之一魏明（Allen Wei）为电影《木星上行》设计创作了多达上百张的概念设计图，整个电影的概念设计周期长达14个月。导演针对每个场景都会提出独一无二的设计要求，试图向全世界的观众们展现一种全新的宇宙奇观。这对于概念设计师来说是一个巨大的挑战，每张设计图需要反复推敲四到五稿。当然也有可能在创作即将完成的时候，因为剧情的变化而被废弃。魏明最终依靠丰富的想象力和原创精神，以及对细节完美呈现的执着追求，在一次次设计与再设计后，诞生了这些令人叹为观止的作品。

艺术家个人网站：http://www.allenwei-design.com/

影调测试

同一个概念图可能会有不同色调的版本，可以让导演清楚地了解不同影调对于故事叙事所产生的不同效果。

镜头调度上的考虑

概念图要考虑表演区和摄影机运动范围，以及不同机位拍摄到的角度等等。

从各个方面相关知识中寻找依据

因为导演可能会随时要求一个具有特定年代和文化特征的绘景内容。

1.4.2 数字绘画在电影特技中的应用

随着计算机技术的进步，电影工业在工作流程和视觉效果上有了突飞猛进的发展。电影工作者已经可以用电脑来产生并模拟出多种视觉效果，这些视觉效果是实际拍摄所无法达到的。尤其是好莱坞电影已经将特效语言作为一种更为重要的视听语言和叙事手段广泛应用于电影制作中。在 1939 年，奥斯卡金像奖的奖项中创立了奥斯卡最佳视觉效果奖（Academy Award for Best Visual Effects），该奖项将颁给每年得票最高的视觉特效影片。例如第 84 届的影片《雨果》、第 85 届的影片《少年派的奇幻漂流》。

而谈到数字绘画在电影特技中的应用，不得不提到的就是

数字绘景技术。数字绘景可谓是电影特效的鼻祖，英文名叫 Matte Painting，也可译为遮罩绘画。它最早出现在黑白无声电影的时代，其发展历史几乎和电影一样古老（大约 1911 年），不过早先的绘景手法还局限在徒手绘制，工具也较为简单。

1907 年，影片 *Missions of California* 就采用了接景的方式，艺术家 Norman A. Dawn(ASC) 把画画在玻璃板上，在实际拍摄中将它置于实景前，这样就实现了一个简单的合成。20 世纪 70 年代后，随着计算机硬件性能的不断提升，以及计算机图形学研究的不断深入，作为最早的"电影魔术"手法——绘景技术也从当年的在画板上的徒手写实绘画，搬到了现在的基于数字图层概念的数字化创作，并且当下的数字绘景也不再局限在 2D 素材的合成，而更多的是 2D 与 3D 等各种手段的综合运用。

在特效大片中，各种以假乱真的场面背后都离不开 Matte Painting 的功劳，从 1933 年的电影《金刚》，到几十年后的《星球大战》三部曲，再到结合了 CG 技术的《魔戒》三部曲，我们都能看到 Matte Painting 的发展与进步。它可谓是电影特效制作中不可缺少的方法。当下，结合了三维技术的 Matte Painting 更是不断趋于精细和逼真。

在每一部电影作品的创作过程中，数字绘景人员都为影片的成功作出了巨大的贡献。在韩国，电影业正以迅猛的速度前进，大制作的工业化视觉特效影片也屡屡

图 1-25　艺术家 Norman A. Dawn

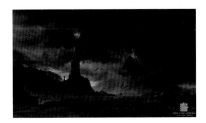

图 1-26　CG 艺术家 Dylan Cole 为电影《魔戒》绘制的 Matte Painiting。艺术家个人网站：http://www.dylancolestudio.com/

图 1-27 《无极》是陈凯歌导演最具个人风格的史诗巨作，是东方奇幻类型电影的开山之作。本片获得 2006 年金球奖（Golden Globe）最佳外语片提名、香港电影金像奖最佳视觉效果、服装造型设计等系列提名。

图 1-28 《天地英雄》影片获选并代表中国角逐 2004 年度美国奥斯卡最佳外语片提名。

皆是，从《太极旗飘扬》到《欢迎来到东莫村》以及《中天》，数字绘景人员在其中都发挥了重要的作用。

在中国，Matte Painting 还有更广大的发展空间。中国自己的数字绘景团队正逐渐被中国电影业认可和接纳。并且在电影《无极》《天地英雄》《天下无贼》《云水谣》《黄金大劫案》《唐山大地震》《大闹天宫》等大量影片中都有所体现。

如今，一部又一部电影特效大片的上映不断震撼着我们，闲暇之余享受一场"视觉盛宴"已经成为年轻人的一种娱乐和生活方式。当然，在观赏电影的同时，观众的审美需求也越来越高，这就对电影制作者提出了更高层次的要求。

随着未来电影制作的要求逐渐增高、制作的联合程度更加密切，需要更多的具备扎实美术功底，并且能够熟练掌握数字绘画手段的综合性人才。

本章作业

1. 利用互联网搜索 CG 艺术家的作品，如 Craig Mullins 的概念设计作品。挑选 10 张并对其进行简要分析。

2. 使用数位板进行绘画练习。

第二章 熟悉 Photoshop 的画笔及其他常用工具

2.1 数字图像基本概念及 Photoshop 的工作环境

2.1.1 数字图像基本概念

数字绘画是基于数字图形图像技术的绘画表达，要想熟练掌握数字手段，必须要先了解电脑图形图像的最基本概念。正是因为这些点滴的关键技术，才构成了当下缤纷多彩的 CG 世界。对于数字绘画来讲，我们主要了解像素及与像素有关的一些概念。

像素

关于像素的概念其实并不需要多说，它可谓是所有数字艺术起始都需要探讨的问题。像素是数字图像组成的最基本单元，在 Photoshop 中如果使用缩放工具将图像放到足够大，我们就会看到类似马赛克一样的方格，每一个小方格就是一个像素，正是这些千千万万的像素构成了我们熟悉的视觉影像。

像素比

如果熟悉 Photoshop 新建图像的设置，我们会发现有一个关于像素长宽比的设置，如图 2-1 所示。当然其他图形软件也有类似的概念，这主要是为了支持不同制式的视频图像，来补偿图像进入视频时的缩放。而对于数字绘画来说，我们更多的还是使用计算机作为创作和展示的平台，所以在本书中所涉及的像素比都是默认的比率为 1:1 的方形像素。

图像分辨率

图像分辨率是需要掌握的重要概念，也是一个最容易混淆的概念。我们听说过很多包含分辨率的名词，包括图像分辨率、打印分辨率、扫描分辨率和显示器分辨率等等。不过对于进行数字绘画创作的我们来说，只要知道一张图像到底包含多少像素数量就可以了，也就是图像在长度上的像素数乘以宽度上的像素数既是图像的全部像素数，所以同学们要与实际输出时所使用的"像素 / 英寸"的概念区别开。

图像像素数越多，图像细节越多，颜色过渡就越平滑，但随之而来的就是图像大小也会越大。需要强调一点，我们虽然可以利用 Photoshop 来增大较小的图像尺寸，

矢量图与位图的区别

位图是由像素点组合而成的图像，一个点就是一个像素，每个点都有自己的颜色。位图和分辨率有着直接的联系，分辨率大的位图清晰度高，其放大倍数也相应增加。但是，当位图的放大倍数超过其最佳分辨率时，就会出现细节丢失，并产生锯齿状边缘的情况。

矢量图是以数学向量方式记录图像的，其基本组成单元是锚点和路径，内容以线条和色块为主。矢量图和分辨率无关，它可以任意放大且清晰度不变，也不会出现锯齿状边缘。

图 2-1 Photoshop 新建文档窗口中像素比设置。

PPI 与 DPI 的区别

PPI 和 DPI 这两个概念经常会混淆，不过对于使用电脑进行数字绘画来说，这两个概念并不十分重要，只作简单了解即可。

PPI 是英文 Pixels Per Inch 的缩写，意思是每英寸所包含的像素数。很多时候它是跟图像采样相关，比如扫描仪、数码相机采样所依照的参数。

DPI 是英文 Dots Per Inch 的缩写，它是跟打印输出相关的参数，指每英寸所能打印的点数，即打印精度。

影视数字绘画

图 2-2 在 Photoshop 的图像模式菜单中，可以设置每通道所使用的位深度。

Photoshop 的通道

在 Photoshop 中，通道可以分为颜色通道、专色通道和 Alpha 通道 3 种。

首先，一副图像中每个像素点的颜色是由通道中的原色信息描述的。所有像素点所包含的某一种原色信息，便构成了一个颜色通道。比如一幅图像的全部红色信息组成了红色通道。而专色通道是对颜色通道的一种扩展，一般用于 CMYK 颜色模式当中，是对印刷色的一种补充，可以理解为专色就是青、品、黄、黑四种原色油墨以外的其他印刷颜色。Alpha 通道是存储图像透明度信息的通道，也可以叫做 Alpha 选择通道，它是存储选择区域的一种方式。

在通道中，以白色表示有信息、黑色代表没有信息，因此，通道也与遮板类似，不过我们不能抛开图像单独谈通道，只有依附于图像存在时，才能体现通道的功用。

高动态范围图像

在 Photoshop 中，HDR 图像的明亮度值是由 32 位 / 通道的浮点数字表示的。

高动态范围 HDR 是英文 High-Dynamic Range 的缩写，它为我们呈现了一个充满无限可能的世界，相比普通的图像，它可以提供更多的动态范围和图像细节。简单地说，HDRI 是一种亮度范围非常广的图像，它比其他格式的图像有着更大亮度的数据贮存，而且它记录亮度的方式与传统的图片不同，不是用非线性的方式将亮度信息压缩到 8bit 或 16bit 的颜色空间内，而是用直接对应的方式记录亮度信息，它可以说记录了图片环境中的照明信息。

使其产生更多的像素，但这些像素都是 Photoshop 通过差值运算所产生的新像素，所以它不会让图像变得更清晰，反而会使得图像模糊、层次差、不能忠于原始图像。但相反，缩小一张高分辨率的图像尺寸是可以的。

颜色深度

关于颜色深度，是度量图像中能存储多少颜色信息的概念，其单位是位（bit），所以也可以称其为位深度。这就涉及到了计算机数据存储的问题了。计算机是由 0 和 1 二进制计算方式组成的，每一个 0 或 1 称为一个 bit。那么如果是 8 位就是 2 的 8 次方，也就是有 256 种排列方式，即可以存储 256 个数值。

颜色深度除了能够确定图像中能显示的颜色数量之外，还影响了图像的通道和文件的大小。其中通道的概念是个非常重要的知识点，可以说通道是组成一幅图像的核心部分，每个通道都存储着图像的不同信息。如果每个通道的亮度数值靠 8 位来计算，就会有 0~255 之间的 256 种亮度，那么红、绿、蓝 3 个通道叠加之后，就会有 256×256×256=16.7million（1677 万种颜色）。我们常用的颜色深度还有 16 位，24 位、32 位，如果用 16 位来存储每个通道的明度，那么 3 个通道叠加就会有 281 亿种。较大的颜色深度意味着数字图像具有较多的、较精确的颜色表示。

对于数字绘画而言，大多数情况下每通道 8 位就足以满足我们的绘画要求，并且不会占用过多的系统资源。但是对于影视级别的 Matte Painting 来说，可能需要用到每通道 16 位，以方便对项目进行反复调节，不会造成过多的信息损失，也方便与后期合成人员交换文件。

2.1.2 Photoshop 的工作环境介绍

在具体使用 Photoshop 的绘图和合成功能之前，首先要简单了解一下 Photoshop 的工作环境。当我们新建一个文档或打开一幅图像时，Photoshop 界面中的各项面板都已经启用。如图 2-3 所示是 Photoshop CC 2014 的默认工作环境。

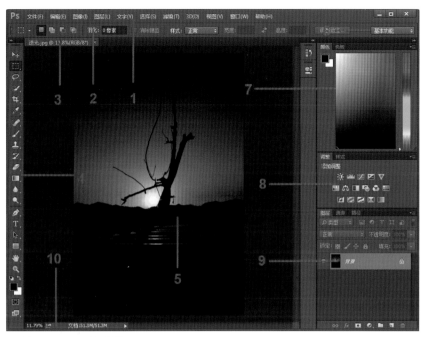

1、菜单栏
2、工具属性栏
3、文档标题窗口
4、工具栏
5、视图窗口
6、工作区设置
7、颜色面板
8、调整面板
9、图层面板
10、文档信息区

图 2-3　Photoshop 界面布局

随着软件版本的不断升级，Photoshop 的界面更加的人性化并且可以自由的设置工作环境，来更好地满足创作者的使用习惯。用户可以使用多种方式来定义自己的工作界面。经过使用后，Photoshop 的界面布局可能会发生一些变化，通常情况下，Photoshop 会自动保留上一次布局所做的更改。

在界面的右上方可以看到软件布局的预设，Photoshop 已经为各种领域的设计师预设好了常用的界面布局，我们也可以通过这里"新建工作区"来设置新的布局样式，也可以在这里设置对界面的重新复位。

在 Photoshop 的界面当中，除了我们熟知的菜单栏、属性栏、工具栏等之外，使用最多的当然属于 Photoshop 的浮动面板。如图层面板、颜色面板、历史记录面板等，这些浮动面板可以相互组合，可以随意停靠，也可以随时关闭不用的面板，节省窗口的空间。如图 2-4 所示就是图层、通道、路径面板的组合形式。

一般默认情况下，Photoshop 的工具栏出现在界面左侧，并且默认为单栏显示，以节省屏幕空间。我们也可以单击工具箱左上方的小三角形将工具栏变为双栏显示，

将预设文件恢复到初始设置

在软件启动的过程中，并且还没有显示启动画面的时候，我们可以同时按下键盘快捷键 Shift+Alt+Ctrl 组合键，此时会弹出一个对话框，询问用户是否删除 Photoshop 的设置文件。如果单击是，软件的所有设置都会恢复到初始状态。

图 2-4　Photoshop 中的浮动面板

这种比较适合屏幕分辨率不高的显示器使用。工具栏和属性栏是关联的，当我们选择了不同的工具时，属性栏就会显示出对应的工具属性，以方便我们对工具进行设置。如图 2-5 所示为工具栏双栏显示效果，方便我们看到每一个工具的名称，在后面的章节会对常用的工具进行详细说明。

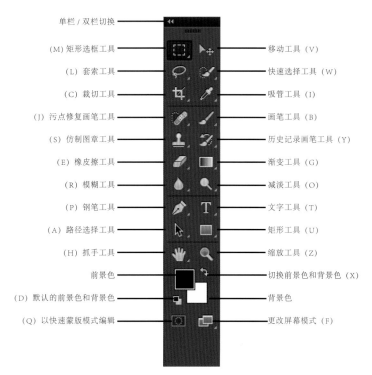

图 2-5 Photoshop 工具栏

工具栏上的每个工具都会有相应的字母快捷键，方便我们快速切换不同工具，例如，当要切换到画笔工具时，只需按下键盘的快捷键 B 即可。我们并不需要死记每一项工具的快捷键，因为只要将鼠标放置到工具上方，就会显示出相应的快捷键提示。另外，有些工具的图标还包含有一个小的黑色箭头，说明该工具还有相同类别的子工具可供使用。我们可以在相应的工具图标上按住鼠标左键，就会显示出其他相应的工具。除了这种方式外，我们也可以按住 Alt 键的同时，单击工具箱中的工具，或者在按住 Shift 键的同时，配合工具快捷键来快速的循环切换隐含的工具。

Photoshop 常用快捷键

文件操作
新建图形文件 Ctrl + N
打开已有的图像 Ctrl + O
关闭当前图像 Ctrl + W
保存当前图像 Ctrl + S
另存为 ... Ctrl + Shift + S
打开首选项对话框 Ctrl + K

选择功能
全部选取 Ctrl + A
取消选择 Ctrl + D
羽化选择 Shift + F6
反向选择 Ctrl + Shift + I
路径变选区 数字键盘的 Enter
载入选区 Ctrl + 点击图层、路径、通道面板中的缩约图

编辑操作
还原 / 重做前一步操作 Ctrl + Z
还原两步以上操作 Ctrl + Alt + Z
重复上一次滤镜效果 Ctrl + F
重复上一次滤镜效果（可调参数）Ctrl + Alt + F
自由变换 Ctrl + T
用背景色填充所选区域或整个图层 Ctrl + BackSpace 或 Ctrl + Del
用前景色填充所选区域或整个图层 Alt + BackSpace 或 Alt + Del

图像调整
打开"色阶调整"对话框 Ctrl + L
打开"曲线调整"对话框 Ctrl + M
打开"色彩平衡"对话框 Ctrl + B
打开"色相 / 饱和度"对话框 Ctrl + U
去色 Ctrl + Shift + U
反相 Ctrl + I

图层操作
从对话框新建一个图层 Ctrl + Shift + N
以默认选项建立一个新的图层 Ctrl + Alt + Shift + N
通过拷贝建立一个图层 Ctrl + J
通过剪切建立一个图层 Ctrl + Shift + J
图层编组 Ctrl + G
取消编组 Ctrl + Shift + G
向下合并图层 Ctrl + E
合并可见图层 Ctrl + Shift + E
盖印可见图层 Ctrl + Alt + Shift + E

2.2 Photoshop 的画笔工具

Photoshop 作为我们绘画创作的工具，其画笔工具自然成为我们要深入研究的重要功能。为了能更全面的理解 Photoshop 中画笔工具的使用及自定义设置，我们在本节中，将把笔刷简单的分为五个类别，分别为基础类画笔、风格类画笔、形状类画笔、特效类画笔和纹理类画笔，并且会举例说明如何制作相应类型的笔刷。

需要强调的是，虽然通过笔刷能够起到事半功倍的画面效果，但作为 CG 绘画创作者的我们，不能仅仅局限于某一个笔刷当中。本节中的画笔分类并不是绝对的，旨在通过制作不同类型的笔刷，来说明画笔工具的各项设置技巧及其工作原理，为我们后续创作打下良好的基础。

2.2.1 Photoshop 画笔工具的属性栏

1. "画笔下拉面板" ：单击右边的向下按钮可以打开画笔下拉面板。如图 2-6 所示，在下拉列表中可以选择画笔形状、调整画笔直径大小和硬度大小。

2. "画笔面板" ：画笔面板提供了非常详细的画笔设定。

3. "模式" 模式：正常 ：在 "模式"后面的弹出式菜单中可选择不同的混合模式，即笔触的颜色与下方图像的混合模式，它与图层混合模式的工作原理相同。

4. "不透明度" 不透明度：100% ：该选项用于设置 Photoshop 画笔颜色的透明程度，取值在 0%~100%，取值越大，画笔颜色越不透明，值为 0%时，画笔是完全透明的；值为 100%时，画笔完全不透明。 按下键盘中的数字键可以快速的设置画笔的不透明度。按下 1 时，不透明度为 10%；按下 5 时，不透明度为 50%；按下 0 时，不透明度会恢复为 100%。

5. "绘图板压力控制透明度" ：使用绘图板压力覆盖 Photoshop "画笔"面板中的不透明度设置。

6. "流量" 流量：100% ：此选项设置与不透明度有些类似，指画笔颜色的喷出浓度。这里的不同之处在于不透明度是指整体颜色的浓度，而流量是指画笔颜色喷

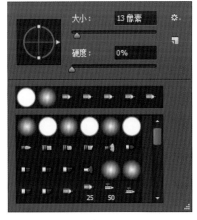

图 2-6　画笔下拉面板

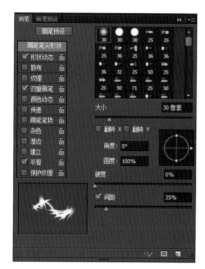

图 2-7 笔刷设置面板

图 2-8 笔刷横截面示意

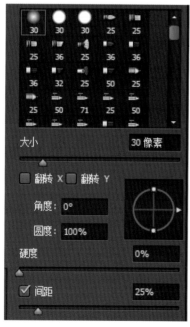

图 2-9 笔刷设置面板

出量的浓度。

7. "喷枪模式" ：启用和关闭喷枪效果。喷枪效果作用的力度与"流量"数值的大小有关。可以在"画笔"面板中选择一个较大、边缘柔软的画笔，调节不同的"流量"数值，然后将画笔工具放在画布上，按住鼠标左键不松手，观察笔墨扩散的情况。

8. "绘图板压力控制大小" ：使用绘图板压力覆盖 Photoshop "画笔"面板中的画笔大小设置。

2.2.2 画笔设置面板

除了直径和硬度的设定外，Photoshop 的画笔面板还为我们提供了更详细的笔刷设定功能，这使得笔刷变得丰富多彩。注意这个画笔面板与画笔工具并没有直接关系，这是笔刷的详细设定面板。执行"窗口→画笔"命令，或直接按键盘快捷键"F5"就可以打开"画笔面板"。如图 2-7 所示。

2.2.2.1 画笔笔尖形状

画笔笔尖形状其实就是画笔横截面的形状，如图 2-8 所示，是一些画笔的横截面效果图。

在笔刷的设置面板中，我们可以找到一个叫做"画笔笔尖形状"的按钮 画笔笔尖形状 。在它的下面有很多控制画笔的选项，点击它们会在右栏出现与其对应的详细内容。另外，在每一个设置项的右边都有一个"锁头" 一样的图标，它的作用就是将当前设置的参数保持锁定状态，如果我们希望设置的参数始终保持有效，可以点击锁定。在本节中，所有设置项目的"锁头"都是打开的，以方便演示每一项设置的具体作用。

在"画笔笔尖形状"选中的情况下，右边出现了各种各样的笔刷形状。如图 2-9 所示，它与我们之前提到的画笔工具栏中的画笔下拉列表相似，有直径和硬度的设置滑块，其作用和前面提到过的一样，是对画笔大小和边缘羽化程度的控制。

在画笔大小的调节滑块的下面，有两个选项，分别是翻转 x 和翻转 y，它们的作用很好理解，具体效果如图 2-10 所示。

角度：指定椭圆画笔或样本画笔的长轴在水平方向

上旋转的角度。键入度数即可改变笔刷的倾斜角度，或在预览框中直接拖动水平轴也可改变笔刷角度。如图 2-11 所示，是不同角度下的笔刷形态。

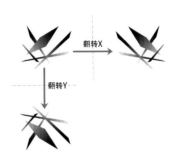

图 2-10　笔尖对称设置

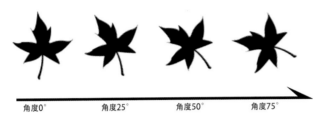

图 2-11　笔尖角度设置

圆度：指定画笔短轴和长轴之间的比率。输入百分比值，也可以在预览图中拉动两个控制点（如图 2-12 中绿色圆圈处）来改变圆度。100% 表示圆形画笔，0% 表示线性画笔，介于两者之间的值表示椭圆画笔，具体使用效果如图 2-13 所示。

图 2-12　笔尖形状设置

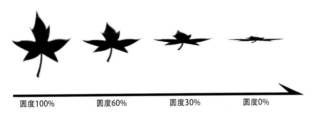

图 2-13　笔尖圆度设置

画笔间距：控制笔触中每个横截面之间的距离。如果要更改间距，可以键入数字或使用滑块来调节画笔间距的百分比值，如图 2-14 所示。

图 2-14　画笔间距设置

画笔间距 1%

画笔间距 100%

画笔间距 200%

画笔间距 400%

图 2-15　不同笔尖间距的示意图

　　通过图 2-15，我们可以了解到，间距实际就是每两个圆点的圆心距离，间距越大圆点之间的距离也越大。如果取消"间距"选项的勾选，那么间距的大小将由画笔的移动速度来确定。画笔移动慢的地方圆点较密集，

　　Photoshop 的画笔间距默认设置是 25%，它可以确保所画线条的光滑程度。另外，如果使用的是柔边画笔或喷笔等工具，因为其边缘被虚化，会使笔触两点间的距离看起来大于所设置的间距。

调节画笔大小与硬度的快捷键

当使用预设画笔时，按"["键可减小画笔宽度；按"]"键可增加宽度。

对于硬边圆、柔边圆画笔，按"Shift+["键可减小画笔硬度；按"Shift+]"键可增加画笔硬度。

清除画笔的设置

在"画笔"面板菜单中可以选择"清除画笔控制"，这样就可以一次性清除为画笔预设所做的更改，不过对画笔笔尖的形状设置不起作用。

图 2-19　笔刷的形状动态设置

画笔移动快的地方则较稀疏。如图 2-16 所示。

图 2-16　笔尖间距与笔触移动速度

在这里需要注意的是，间距的取值是百分比，而百分比的参照物就是笔刷的直径。当直径本身很小的时候，这个百分比计算出来的圆点间距也小，因此不明显；而当笔刷直径很大的时候，这个百分比计算出来的间距会变大。

我们可以做一个简单的对比试验，保持 30% 的间距，分别将直径设为 10 像素和 100 像素，然后在图像中各画一条直线，比较一下它们的边缘。如图 2-17 所示。

图 2-17　画笔直径与笔尖间距

可以看到第一条直线边缘平滑，而第二条直线边缘很明显地出现了弧线，这些弧线就是由许多圆点外缘组成的。如图 2-18 所示。

图 2-18　画笔直径与笔尖间距

所以使用较大的笔刷进行绘画时要适当地降低画笔间距，不过这种降低也不是无限度的越小越好，因为当画笔的间距越小时，对计算机内存资源的占用也会越高，所以调节到适度即可。

2.2.2.2　笔刷的形状动态

如图 2-19 所示是笔刷的形状动态设置选项，这里有一个经常会出现的概念需要说明，那就是"抖动"的概念。"抖动"就是随机变化的意思。"大小抖动"就是大小随机变化，设置后，我们在画布上绘制时笔刷的直径大小将会随机的变化。因此我们看到圆点有的大、有的小，且没有变化规律。如图 2-20 所示。

图 2-20　"大小抖动"示意图

其下方的控制选项是与其对应的，即用什么样的方式控制画笔的大小。对于其他抖动设置，也有类似的控制选项，其作用大同小异。在"控制"选项的下拉列表中，有渐隐、钢笔压力、钢笔斜度等设置选项。

如图 2-21 所示，我们将"大小抖动"设置为100%。接下来我们对"控制"选项进行具体说明。

"关闭"意味着不控制，将得到完全随机的大小变化。

"渐隐"会使画笔大小逐渐变小，如图 2-22 所示。

图 2-21

图 2-22 "大小抖动"受"渐隐"控制示意图

下面的三个选项需要有像数位板这样的硬件设备支持，如图 2-23 所示。如果没有数位板而试图选择它们，就会有一个黄色叹号出现在左侧，该警告信息会提示你该控制选项需要配合数位板才能正确工作，如果没有这种设备，这些控制选项是无效的。

图 2-23 Wacom 数位板硬件

图 2-24 笔触的感压变化

如图 2-24 所示，数位板可以感应笔尖接触的力度大小，通俗地说就是下笔轻重的区别，这种压力效果是普通鼠标无法模拟的。

在大小抖动设置中，还有两个参数：

"最小直径"：用来设置动态大小中的最小画笔直径，它是以画笔直径的百分比为基础的。

"倾斜缩放比例"：只有控制选项中选择"钢笔斜度"时才可用，用来定义画笔倾斜的比例。其数字大小也是以画笔直径的百分比为基础的。

至于"形状动态"中其他的两个控制选项，"角度抖动"和"圆度抖动"，顾名思义就是对笔刷角度和圆度的控制。

在 Photoshop 的笔刷设置面板，与绘画硬件有关的可选控制项有：

"钢笔压力"：利用数位板的感压变化控制笔触形状。

"钢笔斜度"：它测量的是数位笔在数位板上的绘画时的倾斜角度，以此控制画笔变化。

"光笔轮"：光笔轮是电子笔上附带的拇指轮，类似于鼠标滚轮，可转动这个轮子来控制画笔。

"旋转"：它需要有支持旋转的输入设备才起作用。

"角度抖动"(图 2-25 所示。左:钢笔压力;右:完全随机)

图 2-25 "角度抖动"示意图

"圆度抖动"(图 2-26 所示。左:钢笔压力;右:完全随机)

图 2-26 "圆度抖动"示意图

2.2.2.3. 笔刷的散布

勾选"散布"选项后,我们会发现笔触的横截面会偏离绘画的轨迹而朝上下偏移,随着散布的数量的提高,偏移的效果就越强烈。如图 2-27 所示,如果勾选"两轴"选项,笔触将按径向方式分布,如果"两轴"选项没有开启,将只沿着画笔运动路径的垂直方向进行分布。

如果要使用下方的控制选项来控制散布效果,则必须设置散布值高于 0%,否则控制选项不起作用。如图 2-28 所示是钢笔压力下的笔触散布效果。

图 2-27 笔刷散布设置项

图 2-28 散布效果示意图

我们可以在散布的控制选项中,设置散布的变化方式。比如,我们可以设置一定步长的"渐隐",将画笔笔迹的散布从最大散布渐隐到无散布。

在数量设置中,我们可以指定在每个画笔间距中所使用的画笔笔迹数量。不过需要注意的是,如果在不增大画笔间距值或散布值的情况下增加散布数量,可能会影响绘画时的笔触流畅性。

打开散布功能后,我们可以大面积地绘制。我们可以用它来平铺一些肌理效果或者背景效果,也可以用来画下雪、下雨、树叶等散落效果。使用散布的强度来控制散开的程度,使用散布数量来控制笔触散开的密度,另外还可以加上数量抖动实现散布数量的随机变化。

如图 2-29 所示，是综合使用散布、大小抖动和角度抖动等方法绘制的图形效果。

图 2-29　笔刷效果示意图

2.2.2.4. 笔刷的纹理

如图 2-30 所示，是纹理选项下的一些设置内容。纹理选项允许我们在笔刷上添加纹理，在纹理缩略图上出现的小缩略图就是将被使用的纹理。

如图 2-31 所示，是一些 Photoshop 的纹理示意图。

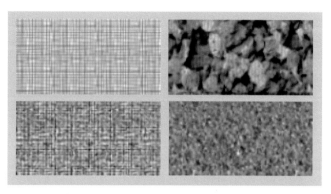

图 2-31　画笔纹理示意图

图 2-30　笔刷纹理设置项

"缩放"决定了纹理的大小。这项设置并不依赖于笔刷大小，纹理的比例不会因为笔刷大小的改变而改变，即不管笔刷多大，纹理比例始终保持不变。

"为每个笔尖设置纹理"选项决定了笔触的纹理是否单独渲染每个笔尖。若未勾选此选项，则笔触的纹理将保持连续、完整；若勾选此选项，则笔触的纹理在笔触内独立存在，并相互覆盖。

未勾选"为每个笔尖设置纹理"选项

勾选"为每个笔尖设置纹理"选项

丰富的纹理图案

在纹理设置界面的上方有纹理的预览视图，单击右侧的小三角图标，在弹出的面板中可以选择不同的纹理图案。

我们可以手动添加更多的纹理图案。Photoshop 已经为我们内置好了很多纹理可供选择，比如艺术表面、艺术家画笔画布、彩色纸、侵蚀纹理、灰度纸、自然图案等等。我们可以按照需要对纹理面板进行扩充。这么多的纹理预设基本可以满足大部分要求，不过，我们也可以载入图案来添加自定义的纹理。

图像的混合模式涉及到一些计算机图形图像学的知识，但如果只是停留在概念上，并不能彻底弄明白混合模式的意义，最主要的还是要我们亲自尝试。

比如我们常用到的"正片叠底"混合模式，其工作原理是将两种颜色的像素值相乘，然后再除以255，得到的结果就是最终色的像素值。通过实践会发现，任何颜色和黑色执行正片叠底模式，得到的仍是黑色；任何颜色和白色执行正片叠底模式，则保持原来的颜色不变；而与其他颜色执行正片叠底模式后，所得到最终色会比原来的两种颜色都深。

"模式"选项为我们提供了纹理与笔触的混合方式。在该选项的下拉列表中，可以选择图案与前景色之间的混合模式，包括"正片叠底""减去""变暗"等模式。

这里的模式与 Photoshop 中的图层模式和画笔模式的原理一致，如果觉得不太容易理解，最好的办法就是直接尝试每种模式的作用效果，找到最合适的模式即可。

"深度"用来指定前景色渗入纹理图案的深度。该数值越低，纹理中所有的点吸收前景色的量越少，从而隐没了纹理图案；该数值越高时，纹理中接受的前景色就越多，纹理越明显，甚至全部被填充，如图 2-32 所示。

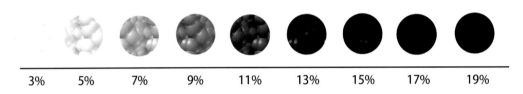

| 3% | 5% | 7% | 9% | 11% | 13% | 15% | 17% | 19% |

图 2-32 不同深度值的变化

当选中"为每个笔尖设置纹理"，并且"深度控制"设置为"渐隐""钢笔压力""钢笔斜度"或"光笔轮"时，"最小深度"就会启用，其主要用来指定前景色可渗入的最小深度。

"深度抖动"用来设置纹理抖动的最大百分比。只有勾选"为每个笔尖设置纹理"选项后，"深度抖动"选项才可以使用。在"控制"选项中可以选择如何控制画笔笔迹的深度变化，包括"关""渐隐""钢笔压力""钢笔斜度""光笔轮"和"旋转"。

2.2.2.5. 双重画笔

"双重画笔"顾名思义，就是让画笔能产生两种画笔相结合的笔刷效果。如图 2-33 所示，如果要使用双重画笔，首先应先在"画笔笔尖形状"部分中设置好"主要笔尖"，然后再从"双重画笔"部分中设置另一个画笔笔尖，这样将会在主画笔的笔刷效果内产生第二个画笔的纹理效果。具体使用效果如图 2-34 所示。

"模式"：在该选项的下拉列表中可以选择两种笔尖在组合时所使用的混合模式。

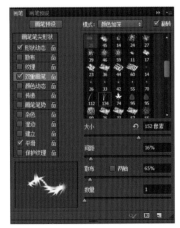

图 2-33 双重画笔设置项

"大小"用来设置第二个画笔笔尖的直径。当"画笔笔尖形状"是通过采集图像中的像素样本而创建的时候，单击"恢复到原始大小"按钮，可将画笔恢复到原始直径。

"间距"用来控制第二个画笔笔触间的距离。

"散布"用来指定第二个画笔在所绘笔触中的分布情况。如果勾选"两轴"，第二个画笔笔触将按径向分布；取消勾选，第二个画笔笔触将垂直于描边路径分布。

"数量"用来指定第二个画笔的笔触数量。

图 2-34　双重画笔示意图

2.2.2.6. 颜色动态

"颜色动态"中的设定项决定了笔迹颜色的变化形式。它可以使笔触产生从色相、明度以及纯度等多方面的变化，从而改善 Photoshop 笔刷色彩的单一性问题，使笔触的颜色更加丰富。

勾选颜色动态后，会出现以下设置项：

"应用每笔尖"决定了是否单独渲染每个笔尖的颜色动态。

"前景 / 背景抖动"用来指定前景色和背景色之间的颜色变化方式。如图 2-36 所示，设置前景色和背景色分别为蓝色和白色。从图中可以发现，该值越小，变化后的颜色越接近前景色；该值越高，变化后的颜色越接近于前景色与背景色的均匀混合。

图 2-35　颜色动态示意图

前景 / 背景抖动：0%

前景 / 背景抖动：100%

图 2-36　"前景 / 背景抖动"示意图

另外，在"控制"选项下拉列表中还可以选择如何控制画笔笔迹的颜色变化，包括"关""渐隐""钢笔压力""钢笔斜度""光笔轮"和"旋转"。

"色相抖动"用来设置画笔笔迹色相的变化范围。该值越小，变化后的颜色越接近前景色的色相；该值越大，色相变化越丰富，具体效果如图 2-37 所示。

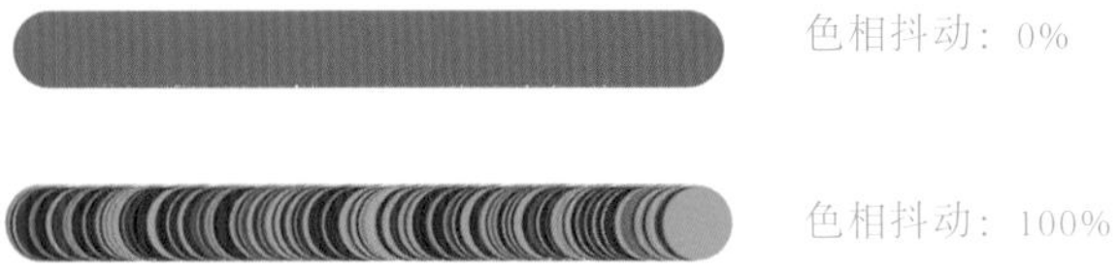

色相抖动：0%

色相抖动：100%

图 2-37 "色相抖动"示意图

"饱和度抖动"用来设置画笔笔迹饱和度的变化范围。该值越小，饱和度越接近前景色饱和度；该值越高，色彩的饱和度变化范围越大，具体效果如图 2-38 所示。

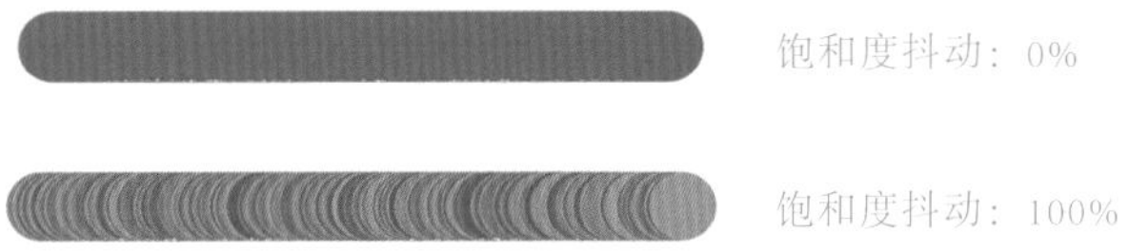

饱和度抖动：0%

饱和度抖动：100%

图 2-38 "饱和度抖动"示意图

"亮度抖动"用来设置画笔笔迹亮度的变化范围。该值越小，亮度越接近前景色亮度；该值越高，颜色的亮度变化范围越大，具体效果如图 2-39 所示。

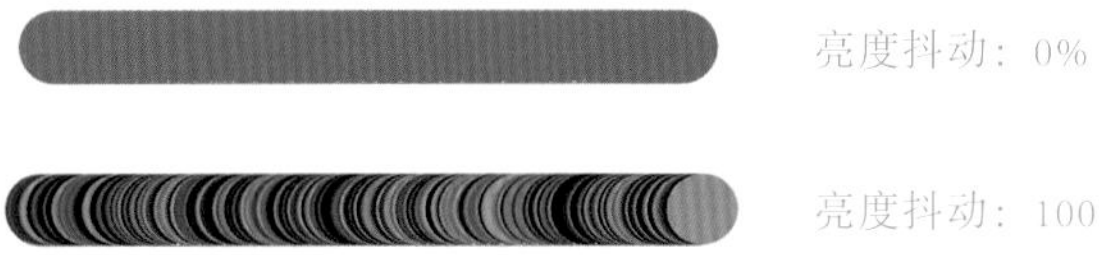

亮度抖动：0%

亮度抖动：100%

图 2-39 "亮度抖动"示意图

"纯度"用来设置画笔笔迹颜色的纯度。如果该值为 -100%，笔触的颜色将变为黑白灰度；该值越大，笔触的颜色饱和度越高，具体效果如图 2-40 所示。

纯度：0%

纯度：100%

图 2-40 "纯度"设置示意图

2.2.2.7. 传递

"传递"中的设置项用来决定在绘制线条的过程中"不透明度抖动"和"流量抖动"的变化情况，而"湿度抖动"和"混合抖动"只作用于硬毛刷笔尖的动态变化中。

"不透明度抖动"用来控制笔触的透明度的变化。下方的"控制"参数提供了"不透明度抖动"的各种控制模式。

"流量抖动"用来控制笔迹中的流量变化程度。"控制"参数提供了"流量抖动"的各种控制模式。

2.2.2.8. 关于其他选项

"画笔笔势"选项可以设置光笔倾斜、旋转和压力，不过此选项只能通过压感设备来实现。

在画笔笔势的下面有几个选项，分别是"杂色""湿边""喷枪""平滑"和"保护纹理"。它们并没有提供详细的设置项，如要要使用它们，只需勾选即可。

"杂色"主要为柔边画笔添加额外的杂色效果。

"湿边"会给画笔增加水笔的效果。

"喷枪"用来模拟喷枪效果，该选项与工具属性栏中的"喷枪"相同。

"平滑"会使画笔边缘产生更为平滑的效果。当使用压感笔快速绘画时，勾选此选项较为有效，但是会占用一定电脑内存资源。

"保护纹理"选项将对所有的画笔使用相同的纹理图案和缩放比例。勾选此选项后，当使用多个画笔时，可以模拟一致的画布纹理效果。

图 2-41　笔刷"传递"设置项

2.2.3 自定义笔刷

从本小节开始，我们将自定义设置一些笔刷，来帮助我们巩固之前学习过的各项参数。不过需要说明的是，在自定义笔刷的过程中所设置过的各项参数值，均仅作参考之用。

2.2.3.1 定义画笔笔尖形状

在笔刷的自定义过程中，除了可以对 Photoshop 自带的画笔预设进行设置之外，还可以自定义笔尖形状，制作新的画笔预设。

笔刷的制作思路基本分为两步，分别是定义笔尖形状和设置笔刷参数。在上一小节中，我们提到了画笔的笔尖形状就是画笔的横截面形状，所以接下来我们以一个小案例来介绍如何定义画笔的笔尖形状。

> 如果没有特殊需求，Photoshop 中默认的圆形画笔就足以满足我们的绘画要求了，它虽然看似简单，但却可以随时调节软硬程度，这是自定义笔刷所不具备的。如果再配合一些简单的设置，比如设置大小感压变化、透明度抖动控制、双重画笔设置等等，就会得到很多意想不到的绘画效果。

图 2-42　为笔刷命名

图 2-43　新笔刷缩略图示意

在使用选区工具时，选区的范围要完整地包含所绘制的形状。

在绘制画笔尖时，所在图层的底色必须为白色，或直接使用透明图层。另外，画笔的颜色要选择除白色以外的灰度色。

图 2-46　为笔刷命名

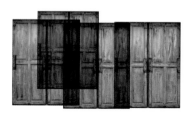

图 2-47　笔触示意

使用矩形绘制工具，设置前景色为黑色，在画布中绘制一个简单的长方形。使用任意选区工具将其选中，单击"编辑"菜单下的"定义画笔预设"命令，会弹出"定义画笔名称"对话框，如图 2-42 所示。在这里我将其命名为"方形画笔"，设置好后单击确定。

当我们再次换回画笔工具时，画笔的笔尖形状自动变为我们刚才绘制的方形形状。与此同时，在"画笔预设"中，我们也可以找到们刚才创建的方形画笔，如图 2-43 所示。这就是自定义画笔形状的基本流程。

不过，在实际制作中，我们还可以将图像素材的某个部分定义为画笔笔尖，其过程依然是将选择的部分定义为画笔预设。

需要注意的是，如果选择的素材图像是彩色图像，那么 Photoshop 在创建画笔预设之前，会将该部分转化为灰度图像，如图 2-44 和图 2-45 所示。所以我们关注的重点要放在所选择部分的形状与灰度上，而原始素材的颜色并不会对实际绘画造成影响。

图 2-44　原始素材　　　　　　　　图 2-45　转化为黑白图像

Photoshop 会自动识别图像的灰度。图像中颜色越深的部分转化明度越低；图像中颜色越浅的部分转化后明度越高；而对于图像中的白色，Photoshop 会认为此部分不属于笔刷形状，故被当作完全的透明像素来处理，同理，黑色为完全不透明。如图 2-46 和图 2-47 所示。

最后一点需要注意的是，如果要创建带有柔边效果的画笔，需要我们对选择的区域进行羽化设置，否则创建的画笔将具有锐利的边缘。

2.2.3.2 形状类画笔

形状类笔刷在数字绘画中不仅能绘制一些具体的形状，比如画树叶、毛发、星星等，而且还能用来作为作画的工具。如图 2-48 所示，是著名 CG 艺术家安德鲁·琼斯的绘画作品，其画面中包含了丰富的色彩与形状。

在上一小节中，我们已经了解了如何定义画笔的笔尖形状，我们可以直接从素材图片中选择我们需要的形状，也可以自己绘制形状。接下来我们分别以树叶笔刷和云朵笔刷的制作为例，来介绍形状类画笔的自定义过程。

树叶笔刷制作案例

一开始我们还是要先定义树叶笔刷的笔尖形状。新建一个 500×500 像素的画布，导入一张树叶素材，如图 2-49 所示。我们将以此为基础，制作我们需要的画笔笔尖形状；

图 2-49　原始素材　　　　　图 2-50　转化为黑白图像

我们已经了解到，在定义笔尖形状时，图像中的颜色会被 Photoshop 转化为灰度，所以这里为了更加直观，直接按键盘快键键 Ctrl+Shift+U 将其去色，如图 2-50 所示。

图 2-51　复制并摆放　　　　　图 2-52　绘制完整

按 Ctrl+T 调整树叶比例大小，并复制出其余两个，按如图 2-51 所示摆放好。使用 Photoshop 默认圆形硬边画笔，绘制出叶茎部分。这样我们的树叶笔刷的笔尖形

CG 艺术家安德鲁·琼斯

安德鲁·琼斯（Andrew Jones）出生在美国西部科罗拉多州，是出色的肖像画大师，数码创作的先驱者，Massive Black 公司开发部的概念设计师。

安德鲁·琼斯积极投身于电影、游戏的概念艺术创作中，曾先后任职于工业光魔（ILM）、黑岛工作室（Black Isle Studio）及 Retro 工作室。任天堂的著名游戏《银河战士：Prime》I 和 II 的概念设计就出自 Andrew 之手。

安德鲁·琼斯并不局限在创作方式上，无论是素描、油画还是数字绘画，其对艺术世界的不断探索才是 Andrew 艺术作品的永恒主题。

艺术家个人网站：http://www.androidjones.com/

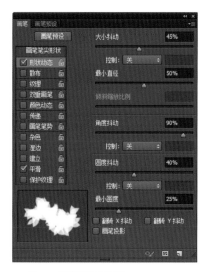

图 2-53 笔刷的形状动态设置

状就做好了，如图 2-52 所示；

使用矩形框选工具将树叶形状框选上，在"编辑"菜单中打开"定义画笔预设"，将其命名为"树叶笔刷"。接下来我们对画笔的参数进行设置。

1.在"画笔笔尖形状"中，设置画笔间距为 80% 左右，这样绘制出来的叶子不至于太密集。

2.开启"形状动态"选项。设置"大小抖动"为 45%，最小直径为 50%，"角度抖动"为 90%，"圆度抖动"为 40%，"控制"选项设置为"钢笔压力"，具体设置如图 2-53 所示；

3.开启"散布"选项，设置"散布数量"为 100%，并勾选"两轴"选项，让树叶的形状可以随机散布；

4.勾选"颜色动态"选项，开启"应用每笔尖"设置，调节"色相抖动"为 15% 左右，这样我们绘制的树叶就会有色相的变化。

最后，单击"创建新画笔"按钮，将其保存。这样，我们就制作好了一个可以画树叶的画笔，其笔触效果如图 2-54 所示。

图 2-54 笔触示意图

云朵笔刷制作案例

云朵的形状可以直接取自素材图像，不过在本例中，我们将手绘云朵的形状。

首先我们新建一个 500×500 像素的画布，使用 Photoshop 默认的圆形柔边画笔开始绘制云彩的基本形状，如图 2-55 所示。

继续绘制更多的云彩，使云彩的底部比上部更"软"一些，如图 2-56 所示。如果觉得满意，就可以定义它为笔刷了。

使用矩形框选工具将云朵形状框选上，在"编辑"菜单中打开"定义画笔预设"，将其命名为"云朵笔刷"。

图 2-55 绘制基本形状

图 2-56 添加细节

接下来我们对画笔的参数进行设置。

1. 调大画笔间距值，这样绘制云朵时不至于太过浓密。

2. 设置"形状动态"中的"大小抖动"和"圆度抖动"的"控制"都设置为"钢笔压力"，使云朵本身可以跟随画笔用力的轻重产生大小和比例上的变化。

3. 开启散布选项，设置散布值为 50% 左右，让云彩随机分散。

4. "传递"中的流量抖动控制设置为"钢笔压力"，使云彩可以跟随画笔用力的轻重产生浓淡变化。

最后，单击"创建新画笔"按钮，将其保存。这样，我们就制作好了一个可以画云朵的笔刷，其笔触效果如图 2-57 所示。

图 2-57　笔触效果示意图

2.2.3.3 纹理类画笔

笔刷的纹理质感对于数字绘画来说也尤为重要。在这一小节中，我们以油画笔刷的制作过程为例，来说明如何设置画笔的纹理质感。

传统油画的绘画技法多种多样，有薄涂法、厚画法、整体画法、局部画法、古典画法等。而且不同的用笔，画面的肌理也会不一样。要想学好油画，少不了对传统油画技法的研习。

著名 CG 艺术家 Craig Mullins（克雷格·穆林斯）精通传统绘画与数字绘画，擅长使用简单的块面色彩和丰富逼真的纹理质感，如图 2-58 所示。从他的作品中我们能深刻地领会到数字绘画与传统绘画之间存在着千丝万缕的联系。

图 2-58　CG 艺术家 Craig Mullins 的数字绘画作品

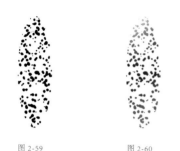

图 2-59   图 2-60

在第 2 步中，我们直接使用了白色进行绘制，这和前面提到的一样，Photoshop 会把白色部分当作透明。

图 2-61 新笔刷缩略图及名称

图 2-62 选择纹理

图 2-63 对比刷进行纹理设置

首先我们新建一个 500×500 像素的画布，使用 Photoshop 默认的圆形画笔，开始绘制油画笔刷的笔尖形状，我们可以直接模拟真实油画笔的笔刷横截面，效果如图 2-59 所示。

由于笔刷浓度较高，画出来的笔触会缺少变化，过于浓郁，所以我们继续使用 Photoshop 默认的软边画笔，将前景色调整为白色，对笔刷的上下两边进行涂抹，减淡一下笔刷的边缘，如图 2-60 所示。

使用矩形框选工具将刚绘制的笔刷横截面框选上，单击"编辑"菜单下的"定义画笔预设"命令，命名笔刷为"油画笔刷"。这样我们就创建好了油画笔刷的笔尖形状。如图 2-61 所示，我们可以在画笔预设面板的最下面找到它。

选择我们刚创建的油画笔刷，按 F5 打开画笔设置面板。接下来设置笔刷的参数，来模拟"油画"效果。

1. 在"画笔笔尖形状"设置中，设置画笔间距为 4% 左右，使我们的笔触不至于太粗糙。

2. 勾选"形状动态"，设置"角度抖动"的控制方式为"初始方向"，这样可以模拟我们绘画时"摆笔触"的感觉。

3. 勾选"纹理"，为笔刷创建一种带有画布肌理的纹理效果，比如厚织物纹理。如图 2-62 所示。

在纹理设置中，缩放值为 90%，深度模式设置为"高度"，深度值设置为 93%，深度抖动的控制方式为"钢笔压力"。具体请参照图 2-63 所示。

4. 勾选"传递"，设置不透明度抖动的控制方式为"钢笔压力"，这样可以使笔触根据我们绘画时用笔的轻重产生浓淡变化。

5. 最后，勾选"杂色"和"湿边"，这样笔刷的边缘就会润泽而富有纹理。调整好的笔触效果如图 2-64 所示。

图 2-64 笔触效果示意图

最后，将制作好的笔刷保存起来。点击面板下方的"创建新画笔"按钮，命名后单击确定即可。

2.2.3.4 混色类画笔

在实际作画过程中，我们有时还需要对颜色进行涂抹、融合，使画面产生的混色的细腻效果。在 Photoshop 中，要想模拟这种效果，就需要使用工具栏中的"涂抹工具"。

从广义上来说，"涂抹工具"也是 Photoshop 的"画笔"，其自定义过程与画笔工具的自定义过程相同。下面我们来制作一个混色笔刷。

首先，选择工具面板上的涂抹工具，在涂抹工具的属性栏中，设置强度为 90% 左右，如图 2-65 所示，这样可以使我们涂抹的效果更明显。

图 2-65　颜料的混色

图 2-66　涂抹工具的强度设置

按下 F5 打开画笔设置面板，在"画笔笔尖形状"中选择我们之前制作好的油画笔刷。在这里我们只是使用它的画笔笔尖形状，所以在笔刷设置面板的右上角弹出式菜单中，选择"清除画笔控制"命令，如图 2-67 所示。我们将重新对其进行画笔参数设置，让它变成我们需要的混色笔。

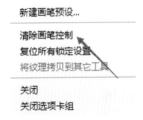

图 2-67　清除画笔控制

1. 在"画笔笔尖形状"中，修改间距为 50% 左右，这样可以使笔刷间距变大，粗糙感增加。

2. 在"形状动态"中，设置"大小抖动"为 45% 左右，"最小直径"为 15%，"角度抖动"为 90%，"控制"方式为"方向"。这样在混色时，笔刷可以跟随笔触的方向产生大小和角度的随机变化；圆度抖动设置为 60%，控制方式为钢笔压力，最小圆度为 30%，这样会使笔刷根据数位板的感压大小产生比例上的变化，具体设置如图 2-68 所示。

3. 在散布设置中，设置散布为 100%，并勾选两轴选项，使笔刷围绕笔触方向随机散布，这会使混色效果更为强烈。

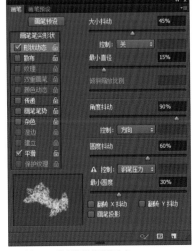

图 2-68　设置笔刷的形状动态

4. 最后，保存画笔预设，这样，我们就创建好了一个混色笔刷。其涂抹后的笔触效果如图 2-69 所示。

图 2-69 笔触效果示意图

我们也可以使用涂抹工具，产生类似油画刮刀的效果。如图 2-70 所示，分别为刮刀混色笔的笔尖形状与涂抹效果示意图。其设置较为简单，请同学们自己练习。

图 2-70 笔尖形状及笔触效果示意图

2.2.3.5 特效类画笔

顾名思义，特效类笔刷用于处理画面出现的特殊效果，如云雾、火焰、燃烧爆炸、发光闪电、魔法光效等等，如图 2-71 所示，是 CG 艺术家 Nicolas Ferrand 概念设计作品。

不过和一般笔刷不同的是，特效类画笔多要结合一定的混合模式才能产生特定的效果。在这一小节中，我们以一个魔法光效笔刷的制作为例来介绍特效类画笔的一般制作方法。

魔法光效笔刷的制作案例

首先我们先来定义画笔的笔尖形状。新建一个 500×500 像素的画布，在这里，我们使用默认的柔边画

图 2-71 CG 艺术家 Nicolas Ferrand 的数字绘画作品

CG 艺术家 Nicolas Ferrand

CG 艺术家 Nicolas Ferrand 生于法国，现居加拿大蒙特利尔。自从 1999 年开始，Nicolas Ferrand 便从事游戏设计行业，担任游戏概念设计师。

其参与过的游戏设计项目众多，如《细胞分裂 4》（Splinter cell4）、《王子波斯 3》（Prince of persia 3）、《刺客信条》（Assassins creed）、《阿凡达》（Avatar）、《小偷 4》（Thief 4）等等。

现在，Nicolas Ferrand 工作于 Steambot 工作室，担任高级概念艺术家和艺术总监。

艺术家个人网站：http://www.nicolas-ferrand.com/

笔绘制笔尖形状，设置画笔的直径大小和透明度由钢笔压力控制。

在绘制光效笔刷的形状时需要注意，不要把笔刷的形状画得过于浓郁，还要尽量保留一些灰度之间的变化，建议整体灰度在 50% 以下，这样绘制出的光效笔触会很通透并且具有丰富的细节。如图 2-72 所示是笔尖形状示意图。

图 2-72　笔尖形状示意图

定义好笔尖形状后，在"编辑"菜单中打开"定义画笔预设"，将其命名为"魔法光效笔刷"。

接下来我们对画笔的参数进行设置。

1.在画笔笔尖形状中，设置画笔间距为 1%，这样笔触效果会非常细腻；

2.在形状动态中，将"大小抖动"和"角度抖动"的"控制"均设置为"钢笔压力"如图 2-73 所示。这样笔触在大小变化的同时，还能产生一定的"旋转"；

3、在传递中，将"不透明度抖动"和"流量抖动"的"控制"均设置为"钢笔压力"，使光效路径产生浓淡变化。

设置好以后，我们就可以用它绘制特殊光效了。不过和之前讲解过的画笔使用不同，我们还需要在画笔的属性栏中，将画笔模式设置为"滤色"或"颜色减淡"，只有这样才能发挥出笔触的光亮效果。

在实际应用中，我们通常不直接设置画笔的模式，而是设置图层的混合模式。即新建一个图层，将图层的混合模式设置为"滤色"或"颜色减淡"，再用正常模式下的笔刷绘制特殊光效。这样我们就可以方便的控制特殊光效的位置，方便随时修改。

如图 2-74 所示，是使用刚创建的魔法光效笔刷绘制的笔触效果，其中使用的的混合模式为"线性减淡"，与底色的渐变色混合后，颜色明亮通透。

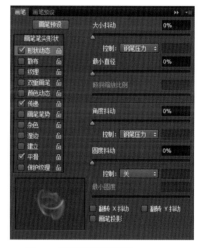

图 2-73　设置笔刷的形状动态

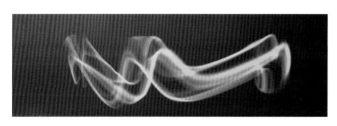

图 2-74　笔触效果示意图

滤色模式和线性减淡模式

通常在绘制特殊光效时采用滤色模式或颜色减淡模式。

滤色混合模式与正片叠底模式相反，它是将两个颜色的互补色的像素值相乘，然后再除以 255 得到最终色的像素值，结果总是较亮的颜色，像是被漂白一样。任何颜色和黑色执行滤色模式，颜色不变；任何颜色与白色执行滤色模式，得到白色。

颜色减淡混合模式用于查看每个通道的颜色信息，通过降低对比度使底色的颜色变亮，从而反映混合色。

我们可以通过互联网下载一些知名数字绘画艺术家共享出来的笔刷，如 CG 艺术家杨雪果的 Blur's Good Brush 笔刷系列，可以仔细研究学习这些笔刷的调节过程。

当然，笔刷并不是越多越好，还是那句话，你需要用到什么就做什么，切记不要贪多而载入太多笔刷。

2.2.3.6 笔刷制作总结

1. 通过本节的学习，我们已经对笔刷的制作方法有了比较深入的了解。从广义上来讲，Photoshop 中的"涂抹""橡皮擦""修复画笔""仿制图章"等工具也是"画笔"，我们都可以为它们设置相应的笔刷。

2. 笔刷的自定义设置是一个理性与感性的过程，所以在本章中笔刷制作案例部分所涉及到的所有笔刷参数调节设置都是相对的，主要是为了了解笔刷设置中的各项参数原理，不要被数字参数所迷惑。

3. 笔刷的制作流程大体可以分为横截面的绘制过程和画笔参数调节过程。值得一提的是，横截面的制作也可以来自现有图片素材的截取。

4. 笔刷并不是万能的，笔刷的自定义设置是要按照每个人的需要而定的，不要一味地追求笔刷而忽视了对基础美术的学习。

2.3 Photoshop 中的选区建立工具

在 Photoshop 中，要对局部进行调整和编辑，就需要先将其选中，也就是建立选区。选区可谓是创作者与软件交流的一种媒介，在合成当中，完美的选择出想要的部分对于后续创作来说具有重要的作用，甚至在影视特效行业，还有专门的 Roto 职业。在本节中，我们将介绍 Photoshop 中与选区建立有关的工具和命令。

影视特效中的 Roto

Rotoscoping 是一种通过把实景拍摄的景物运动按照逐帧描摹的方式提取出来，然后进行运动排布的特殊动画技巧。以前是在正式拍摄前，先将实景拍摄的景物投射到一块磨砂玻璃上，然后动画师再根据表演出来的内容一点点的绘制，这个将景物进行投射的机器就叫做 Rotoscope。而随着数字技术手段的发展，现在的 Rotoscope 已经被电脑取代了，但这一叫法还在延续使用。

在数字影视特技制作领域中，Rotoscoping 负责手动地将一些实景拍摄元素从拍摄背景中分离出来，这样在后期合成中才能替换背景。这一方式与 Photoshop 中的选区方式类似，可以说，对素材的提取工作是后期合成的基础。

2.3.1 规则选框工具

Photoshop 中的规则选框工具可以说是最基本的选择方式，包括矩形选框工具、椭圆选框工具、单行选框工具和单列选框工具。其作用和用法大同小异，只不过是选区的形状不同而已，其中单行和单列指的宽度为一个像素的选区。我们以矩形选框工具为例，来介绍其相应的属性参数。

图 2-75 规则选框工具的属性栏

在属性栏中，在靠近工具图标的右侧有四个小图标，分别表示创建新选区、添加到选区、从选区中减去和选区相交，我们可以通过它们来设置选区与选区之间的运算方式。可以简单的理解为选区的相加、相减、相交。

选区相加

如果要在已经建立的选区之外，再加上其他的选区，那么就要使用属性栏中的"添加到选区"方式，或者按住 Shift 键的同时，再拖拽出新的选区，此时工具的右下角会出现一个"+"符号，松开鼠标后，新建立的选区就会与之前的选区形成并集，如图 2-76 所示。

选区相减

如果想在已经建立的选区中去掉不需要的部分，就需要使用属性栏中的"从选区中减去"的方式，或者按住 Alt 键的同时，再拖拽出新的选区，此时工具的右下角会出现一个"－"符号，松开鼠标后，之前建立的选区就会减去我们新建立的选区，如图 2-77 所示。

选区相交

选区的交集运算其实就是保留两个选区相重叠的部分。我们可以属性栏中的"选择相交"方式，或同时按住 Alt 键和 Shift 键，再拖拽出新的选区，此时工具的右下角会出现一个"×"符号，松开鼠标后，前后建立的选区只会保留相交部分，如图 2-78 所示。

在四中选区建立方式的图标后面，是关于"羽化"的参数设置，我们可以输入相应的数字在定义选区边缘的羽化程度。

在规则框选工具的属性栏中，有一个关于"消除锯齿"的选项，不过该选项在矩形框选工具中并不能使用，原因在于矩形框选工具本身不存在锯齿的问题，其主要是为椭圆框选工具而设置的。一般来说，抗锯齿的选项在椭圆框选工具中是开启的，这会使得我们创建的选区边缘得到平滑处理。

抗锯齿的后面是关于选区建立的"样式"设置，这点比较好理解，我们可以进行任意形状的框选，也可以设置精确的比例或大小来进行创建。

2.3.2 调整边缘

在属性栏的最后，有一个调整边缘的按钮。其快捷键为 Ctrl+Alt+R，这一选项在很大程度上方便了我们对选区边缘的调节，提升选区边缘的品质，我们也可以使

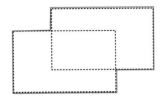

图 2-76　选区相加运算示意图

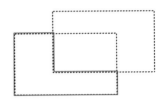

图 2-77　选区相减运算示意图

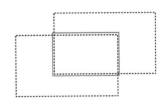

图 2-78　选区相交运算示意图

选区的羽化

建立的选区并不都是边缘完整的硬边儿，有些时候我们还需要柔和的边缘。要想理解羽化的问题，其实应该先对选区的基本概念有一些了解。

我们之前提到过通道中可以有 8 位的 256 级灰度，选区也可以有 256 级灰度。我们所创建的选区是可以包含透明度的，有些像素可能只有 50% 被选中，当执行删除命令是，也只有 50% 被删除。当确定选择区域时，只有那些选择程度在 50% 以上的像素才会通过浮动的选区表现出来。所以，有些时候我们明明创建了选区，但软件却提醒没有像素被选中，其主要原因是所有在选区中的像素的选择程度都低于 50%，而羽化正式基于这种原理来对选区的边缘进行柔和处理的，也即是边缘的部分并不是完全被选择的。

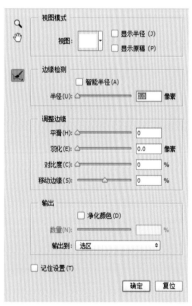

图 2-79 调整边缘设置项

用调整边缘功能来调整图层蒙版，可以这样说，选择工具配合调整边缘的使用，基本上可以满足大部分选区建立的任务。

如图 2-79 所示，为调整边缘的一些选项设置，接下来我们详细介绍一下它的每一项参数的作用。

"视图模式"为我们提供了不同的背景来预览选区，方便编辑。单击"视图"右侧的小三角，在弹出的菜单中，Photoshop 为我们提供了 7 中预览选区的方式，我们可以使用快捷键 F 来循环显示预览方式。

在视图模式的右侧，还有两个选项，分别是"显示半径"和"显示原稿"，用于控制是否显示原始选区以及是否显示用于边缘检测的半径范围。

"边缘检测"中的内容可以说是调整边缘功能的强大之处，我们可以设置边缘检测的半径范围，指定需要边缘检测的选区边界的大小。一般来说，对于硬边使用较小的半径，对于柔和的边缘使用较大的半径。当设置一个较大的半径值后，我们可以使用"智能半径"来让 Photoshop 自动设置不同区域的半径范围。另外，我们也可以精确地使用"调整半径工具"和"抹除调整工具"来手动精确地控制边缘检测的范围。

在"调整边缘"中的四个选项可以用来选区边缘的状态。"平滑"选项可以减少选区边缘的不规则区域，以创建较平滑的边缘轮廓。"羽化"的作用和属性栏中的羽化作用相同，只不过这里可以对建立后的选区进行再次调节。"对比度"增大时，边缘的柔和程度将降低，产生较硬的轮廓。"移动边缘"选项可以控制选区轮廓的内外移动，一般情况下，向内移动可以有助于减少选区边缘不想要的背景颜色。

"输出"选项可以净化选区轮廓的背景色，将轮廓残留的背景色替换为完全选中的像素的颜色。可以通过"数量"滑块控制颜色净化的程度。另外，在"输出到"的下拉菜单中可以设置调整后的选区是变为当前图层上的选区或蒙版，还是生成一个新图层或文档。

最后，如果是处理相同类型的图像时，可以勾选"记住设置"复选框，这样可以节省很多调节的时间，提高工作效率。

2.3.3 将路径转化为选区

如果选取的图像形状非常不规则，和背景色的差异又小，这时候使用"半径检测"来调整边缘就显得力不从心了。我们可以借助工具栏中的"路径工具"描绘路径，然后再将路径转化为选区。

"钢笔工具"是一个重要的路径绘制工具，它主要有两种用途：一是绘制图形；二是用于选取对象。接下来我们对 Photoshop 的钢笔工具进行详细地说明。

2.3.3.1 锚点与路径

钢笔工具创建的路径被称为"贝赛尔曲线"。它是由锚点、路径和曲率控制柄三部分组成，而对于曲率控制柄来说，是一条虚拟的线，只是为了方便我们更好地调节曲线的形态。

在 Photoshop 中，钢笔工具创建的路径锚点可以分为三种类型，分别是无曲率控制柄的锚点（可称为"角点"）、两侧曲率一同调节的锚点（是一种平滑点）、两侧曲率分别调节的锚点（每段路径的曲率可以分别由起始点和结束点处的曲率控制柄单独调节）。如图 2-80 所示，是这三种类型锚点的调节效果演示图。

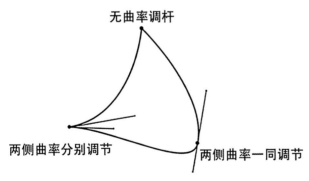

图 2-80　三种锚点类型

在 Photoshop 的工具栏中，鼠标右键单击钢笔工具按钮可以显示出其全部工具，如图 2-81 所示。其中，钢笔工具和自由钢笔工具是在绘制路径时使用的，而对于最下面的三个工具则是对锚点进行调用的，如果想要调整路径位置或锚点位置，则需要配合使用"路径选择工具"。

图 2-81　钢笔工具

2.3.3.2 钢笔工具的属性栏

在钢笔工具的属性栏中，工具图标右侧是三种路径的创建模式，分别为"创建新的形状图层""工作路径"和"像素"。不过"像素"模式在钢笔工具中不可用，只在矩形工具或其子类工具下可用。每种创建模式都会有其相应的属性参数。在实际应用中，使用做多的还是"路径模式"，所以在这里主要讲解路径模式下的相关选项，如图 2-82 所示。

图 2-82 钢笔工具属性栏

图 2-83 建立选区设置项

图 2-84 路径的运算

+ 将形状置为顶层
+ 将形状前移一层
+ 将形状后移一层
+ 将形状置为底层

图 2-85 形状的排列方式

"建立"的后面有三个命令，其作用是将绘制好的路径转化为"选区""蒙版"或"形状"。绘制完路径后单击选区按钮，可用弹出"建立选区"对话框，如图 2-83 所示。在对话框中设置完相应的参数后，单击"确定"按钮即可将路径转换为选区；单击蒙版按钮可以在当前图层中生成图层蒙版；单击形状按钮可以将绘制的路径转换为形状图层。

"路径操作"的用法与选区工具的用法相同。它可以实现路径之间的相加、相减和相交运算，如图 2-84 所示。默认选择的是"排除重叠形状"，即当路径转化为选区时，路径之间的重叠部分会被排除掉。

"路径对齐方式"与图层、文字的对齐方式类似，在数字绘画中并不常用。需要注意的是，只有在画布中有两条以上的路径被选中时，该功能才可用。

"排列顺序"可以设置路径转化为形状后的排列方式，在数字绘画中并不常用，如图 2-85 所示。

单击属性栏中的"齿轮"图标，在弹出的下拉菜单中有一个"橡皮带"选项。其作用是显示出上一锚点与当前钢笔工具的连接状态。可以方便地看到下一个将要定义的锚点与上一个锚点会形成怎样的路径。

"自动添加 / 删除"选项允许钢笔工具在绘图情况下对锚点进行删除。

"对齐边缘"选项只在"形状"模式下可用，即将矢量形状的边缘与像素网格对齐。

2.3.3.3 "自由钢笔工具"和"磁性"选项

"自由钢笔工具"与"钢笔工具"最大的不同就是可以自由绘制。就像我们用画笔工具在画布上绘制一样。我们完全不用担心锚点问题，只需要按照我们想要的路径画出来即可。绘制完成后，锚点会被 Photoshop 自动添加，我们可以在此基础上再做进一步的修改。而锚点的数量由"自由钢笔工具"属性栏里的"曲线拟合"参数决定，该设置项位于"齿轮"图标下，如图 2-86 所示。"曲线拟合"参数值越小，添加的锚点数量越多，其参数范围在 0.5 到 10 像素之间。如图 2-87 所示，是"曲线拟合"参数值分别为 0.5 像素和 10 像素的曲线状态。

图 2-86 "曲线拟合"设置项

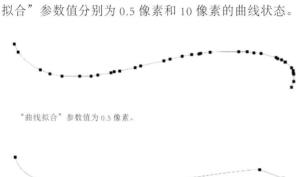

"曲线拟合"参数值为 0.5 像素。

"曲线拟合"参数值为 10 像素。

图 2-87 "曲线拟合"示意图

在自由钢笔工具属性栏里可以看到一个"磁性"选项。如果勾选"磁性"选项，自由钢笔工具就变得具有吸附性。如图 2-88 所示，它将使钢笔对图形的边缘进行自动捕捉，故可以理解成"磁性钢笔"。

"宽度"值是磁性钢笔所能捕捉的距离，范围是 1 到 256 像素；

"对比度"是检测图像边缘的对比度范围，对于对比度比较低的图像，应该提高该值，其范围是 0% 到 100%；

"频率"值决定添加锚点的密度，范围是 0 到 100。频率越高，越能更快地固定路径边缘。

当勾选"钢笔压力"选项时，"宽度"的大小将受到钢笔压力的控制。

磁性套索工具

磁性套索工具是"套索工具"组中的子工具之一。它也具有自动查找和吸附图像边缘的功能，其属性栏中的各项参数与自由钢笔中磁性选项的各项参数类似。

图 2-88 磁性套索工具示意图

动态修改磁性钢笔的属性

当给自由钢笔开启磁性选项后，可以使用键盘快捷键来动态修改磁性钢笔的属性：

按住"Alt"键并拖动，可绘制手绘路径；

按住"Alt"键并单击，可绘制直线段；

按左方括号键"["可将磁性钢笔的宽度减小 1 个像素；按右方括号键"]"可将钢笔宽度增加 1 个像素。

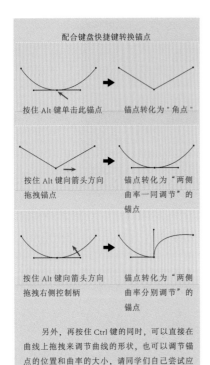

配合键盘快捷键转换锚点

按住 Alt 键单击此锚点　　锚点转化为 "角点"

按住 Alt 键向箭头方向　　锚点转化为 "两侧
拖拽锚点　　　　　　　　曲率一同调节" 的
　　　　　　　　　　　　锚点

按住 Alt 键向箭头方向　　锚点转化为 "两侧
拖拽右侧控制柄　　　　　曲率分别调节" 的
　　　　　　　　　　　　锚点

另外，再按住 Ctrl 键的同时，可以直接在曲线上拖拽来调节曲线的形状，也可以调节锚点的位置和曲率的大小，请同学们自己尝试应用。

2.3.3.4 添加锚点、删除锚点、转换锚点工具

当我们创建完一个路径，可以使用添加锚点、删除锚点、转换锚点工具来调节锚点。不过一般情况我们不会单独去选择它们，因为钢笔工具的属性栏中，有一个 "自动添加和删除" 选项，只要勾选了，我们就可以直接在路径上增加和删除锚点了。比如，用钢笔工具在路径段上点击就可以增加锚点，删除锚点只需再次在锚点上单击即可将其删除，钢笔工具的图标会在右下角增加 "加号" "减号" 来提醒你是增加锚点还是删除锚点。

而对于转换锚点来说，也不需要单独去选择，而是在绘制路径的同时配合 Alt 键来完成锚点转化。即按住 Alt 键在曲线锚点上单击可以将其转化为 "角点"；按住 Alt 键在 "角点" 上拖拽出控制柄即可以将其转化为 "两侧曲率一同调节" 的锚点；单独拖拽其中一个控制柄即可转化为 "两侧曲率分别调节" 的锚点。

2.3.3.5 路径选择工具与直接选择工具

对路径的操作除了增加、删除、转换锚点以外，还应该可以对其进行位置上的改变。要想对路径和锚点进行位置变换，就需要配合使用 "路径选择工具"。右键单击工具栏中的 "路径选择工具"，会出现两个选择按钮，分别是 "路径选择工具"（黑色箭头）和 "直接选择工具"（白色箭头）。

"路径选择工具" 是用来整体选择全部路径用的，即可以移动被选中的路径整体；"直接选择路径" 是用来单独直接选择锚点或路径用的，它可以直接移动锚点位置或路径位置，而不改变其他。这就是它们两个工具的区别。当然，一般情况下我们也不会单独分别选择这两种工具，而是在 "路径选择工具" 被选中的情况下，配合使用 Ctrl 键来进行临时切换。另外，在钢笔工具下配合使用 Ctrl 键也可以临时切换到 "直接选择工具"，方便我们在绘制过程中随时对锚点进行调节。

通过使用这两个跟路径相关的选择工具，再配合前面钢笔工具中对锚点控制的三个子工具，就可以对路径曲线进行精细地修改，更好地完成我们的曲线绘制任务。

将路径转化为选区

在大部分时候，将路径转化为选区是我们最常用的操作，可以直接使用键盘快捷键 Ctrl+Enter 来快速将路径转化为选区。如果画布中已经存在创建好的选区，那么可以在按住 Ctrl+Enter 键的同时，再配合 Shift 或 Alt 来进行选区之间的增减。

将路径转化为选区的方式有很多，除了使用键盘快捷方式外，我们也可以使用钢笔工具属性栏中的 "建立选区" 命令，它和路径面板右上角弹出式菜单中的 "建立选区" 命令相同。在弹出的对话框中有很多关于选区的详细设置，包括选区之间的运算方式。

我们也可以单击路径面板下方的 "将路径作为选区载入" 的图标，也可以快速实现对路径的转化。

2.3.3.6 路径面板的使用

路径面板默认与图层、通道在同一个面板中。如果工作区中没有路径面板，单击"窗口"菜单下的"路径"命令即可将其打开。

绘制好的路径曲线都在路径调板中可以找到，在路径调板中我们可以看到每条路径曲线的名称及其缩略图。在路径面板的最下面有一排小图标，如图 2-89 所示，从左到右的功能依次为：

A － 用前景色填充路径（缩略图中的白色部分为路径的填充区域）；

B － 用画笔描边路径；

C － 将路径作为选区载入；

D － 从选区生成工作路径；

E － 添加图层蒙版；

F － 创建新路径；

G － 删除当前路径。

其中"用画笔描边路径"功能需要特别注意，其描边的宽度和硬度由"画笔"面板中画笔的大小和硬度决定，填充的颜色和工具箱中的前景色相同。

2.4 Photoshop 中的其他常用工具

在上几节中，我们已经深入学习了画笔工具的使用方法和设置技巧，以及与选择相关的工具使用。Photoshop 的工具纷繁多样，但并不是所有工具都会经常用到，每个工具的都有自己的使用效果，有时候需要配合不同的工具一起使用。在本节中，我们来简单了解一些其他与数字绘画有关的常用工具。

2.4.1 填充工具

填充工具的作用是用颜色来填充一个区域。它填充的颜色可以是前景色，也可以是背景色。使用填充工具很简单，你只需要按照自己的需求设置一个前景色，然后点击你要填充的选择区域即可。

在这里需要了解到，填充工具不仅可以填充颜色，也可以用来填充纹理，在选择填充工具后，在工具选项栏处将"设置填充区的源"选择为"图案"，右侧会出

A B C D E F G

图 2-89　路径面板

将选区转化为路径

当画布中存在建立好的选区时，我们可以使用路径面板下方的"从选区生成工作路径"图标，或单击路径面板右上角弹出式菜单中的"建立工作路径"命令。可以将选区转化为路径。

Photoshop 默认的转化容差为 2，该值越小，锚点就越密集，因而路径会变的相对复杂，输出时可能会提示错误；如果容差值越大，生成的路径锚点越少，越不精确。因此要根据实际情况来进行设定。

色彩范围命令

"色彩范围"命令是一个利用图像中的颜色变化关系来创建选择区域的命令。此命令不可用于"32 位 / 通道"的图像。

"色彩范围"命令与"魔棒"工具有些类似，但除了以色彩差别来确定选择的区域外，它还综合了选择区域的相加、相减、相似命令，以及根据图像中某些特定的单一颜色来确定一个新的选择区域等，可以选择红、绿、蓝、黄、高光、中间调、阴影、肤色、溢色等等。

选区的存储与载入

创建选区后，直接点击右键（限于选取工具），选择"存储选区"命令，即可将其存储。也可以使用"选择"菜单中的"存储选区"命令。在弹出的对话框中可以设置存储选区的名称，如果不命名，Photoshop 会自动以 Alpha1、Alpha2、Alpha3 等名称来命名。

当需要载入存储的选区时，使用"选择"菜单中的"载入选区"命令。我们也可以直接在通道面板中，按住 Ctrl 键，点击存储过的选区缩略图来直接载入选区。

图 2-90　原始素材

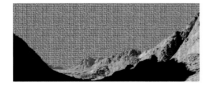

图 2-91　填充纹理

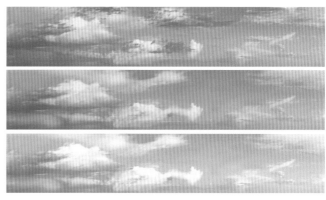

内容

使用(U)：内容识别

自定图案：

□ 颜色适应(C)

混合

模式(M)：正常

不透明度(O)：100　%

□ 保留透明区域(P)

确定

取消

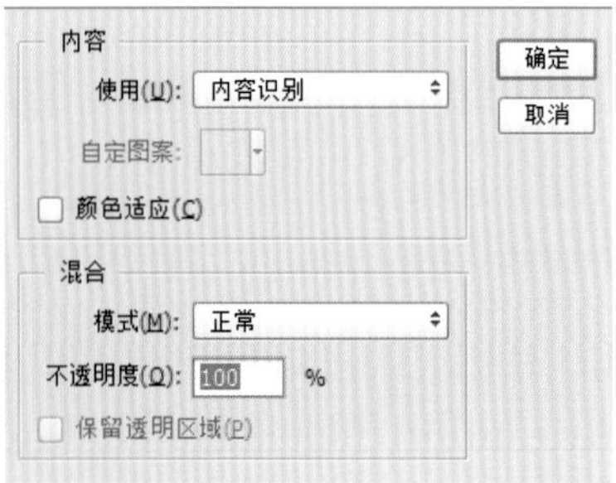

图 2-92　内容识别选项

对"内容识别移动工具"的简单介绍

提到"内容识别"，还需要了解的一项工具就是"内容识别移动"工具。

该工具位于工具栏中，从属于修补工具。这项功能是 Adobe Photoshop CS6 中的新功能。该工具有两种模式可以使用，分别为"移动"和"延伸"。

"移动模式"可以将选区中的内容移动到鼠标指定的位置，并且将原位置的内容自动删除。

"延伸模式"与移动模式的区别在于，它可以保留原位置的内容，从而可以向外延伸。

现图案的缩略图。单击缩略图，会出现一个图案选择列表，这里有很多图案可供选择。如图 2-91 所示，图片中的天空被填充上了画布纹理。

多数情况下，我们不必每次都选择"填充工具"填充颜色，直接按"Alt+Delete"或"Alt+Backspace"键即可快速填充前景色，按"Ctrl+Delete"或"Ctrl+Backspace"键可快速填充背景色。

关于"填充"的概念，在这里还需要介绍一个更为强大的填充方式，即"内容识别"。"内容识别"会使用附近相似的图像，不留痕迹地填充选区。

我们可以在"编辑"菜单中找到"填充"命令，也可以直接按下快捷键"Shift+F5"打开"填充"面板，如图 2-92 所示。在"内容"一栏中，我们可以看到我们熟悉的前景色、背景色，这和工具栏中的"填充"工具大同小异。不过在这里还多了很多其他的内容。

如果选区建立无误，"内容识别"功能将可以使用。我们就可以快速地对需要修补的地方进行内容识别并填充，它会随机合成相似的图像内容来填补选区。这极大地方便了我们在利用素材进行创作时的灵活度。当然这种结果也并不都是完美的，还需要我们手动进行修正。

图 2-93　图像修正示意图

如图 2-93 所示，是结合使用"内容识别工具"对天空的修补过程。原来的天空灰色云朵影响了画面效果，经过处理后的天空更加湛蓝。

2.4.2 渐变工具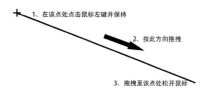

渐变在数字绘画中的运用非常广泛，它能产生强烈的透视感和空间感，是一种有序、有节奏的变化。比如可以迅速填充画面整体基调、制作背景天空、制作立体效果的形体等等，可以用颜色来填充整个图层或是选区，不仅如此，它还可以填充蒙版、通道。从这一功能来看，它与油漆桶类似。但是，渐变工具填充的不是一种颜色，而是颜色的渐变。如图 2-94 所示，是渐变工具使用的一般方式。渐变工具和油漆桶工具的快捷键都是 G，按住 shift+G 组合键可以在两者之间来回切换。

选择了渐变工具，最上面会出现渐变工具选项栏，如图 2-95 所示。在渐变工具图标的右侧，是渐变预览视图，点击可以进入渐变编辑器，如图 2-96 所示。

![渐变工具属性栏]

图 2-95　渐变工具属性栏

在渐变编辑器中，我们可以修改渐变的效果、颜色、透明度等，也可以将自定义好的渐变效果存储起来以便下次使用。在渐变预览中，上方的标记点用来设置透明度，下方的标记点用来定义颜色。在两个标记点之间也有一个小菱形，默认情况下是位于两个标记点之间，可以用鼠标拖拽它，从而改变渐变在两个标记点间的分布情况。

在渐变工具的属性栏中，渐变预览视图的右侧是 5 种渐变风格，如图 2-97 所示。另外我们还可以设置渐变的混合模式、渐变的不透明度等参数。

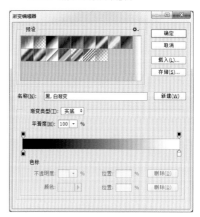

图 2-96　渐变编辑器

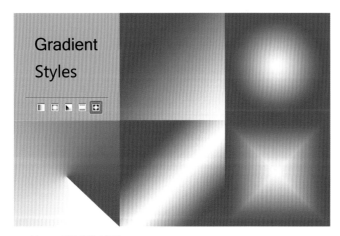

图 2-97　渐变类型示意图

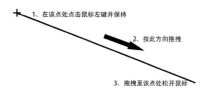

图 2-94　渐变工具使用示意图

渐变工具与快速蒙版的结合运用技巧

渐变工具的作用不仅仅可以用来填充渐变色，还可以与其他工具结合运用，比与快速蒙版的结合运用就是一种常用的技巧，它可以方便我们对某一局部进行渐变选择。

首先，我们要进入快速蒙版模式。可以单击工具栏下方的"快速蒙版"按钮，也可以直接按下快捷键"Q"进入快速蒙版模式。在该模式下，渐变工具的颜色自动变为默认的前景色黑和背景色白（在修改过前景色和背景色颜色的情况下）。

接着，我们就要使用渐变工具了。可以单击工具栏中的"渐变工具"按钮使用渐变工具，不过这里推荐使用快捷键"G"更为方便快捷。使用默认的"线性渐变"模式，在画布中拖拽，会发现画布中出现了半透明红色渐变色，这就是快速蒙版的一种显示方式。红色代表遮罩，即不选择区域，其余为选择区域（也可以修改快速蒙版的这种显示模式）。

绘制好渐变色蒙版后，再次按下"Q"键就可以退出"快速蒙版"模式。会发现未被红色遮罩的部分被选中。这样就方便我们对其进行相应的特殊处理，比如调色等。

请同学们自行尝试不同类型的渐变模式所产生的选择效果。

图 2-98 涂抹工具

图 2-99 减淡工具

图 2-100 涂抹工具效果示意图

2.4.3 涂抹工具

"涂抹工具""模糊工具"和"锐化工具"可以对图像进行局部修饰。在这里重点说明涂抹工具的作用，后两种工具在绘画中应用相对较少。

使用涂抹工具有点类似画油画时使用的刮刀或手指，如图 2-100 所示。所以要想制作混色类笔刷，就需要和涂抹工具相结合使用。

选择"涂抹工具"后，在工具选项栏中会看到该工具的一些属性设置。可以看到，该工具和画笔工具类似，都有画笔预设。多数情况下，我们会使用"正常模式"，而"强度"就像我们用刀、用手涂抹时的力度，可根据自己的需要灵活调整。

在这里有两个选项需要注意：

1."对所有图层取样"

勾选此选项后，可以让涂抹工具在不同的图层上进行图像信息的混合，如果取消勾选，则只能在当前图层上进行涂抹操作。

2."手指绘画"

勾选此选项后，可以在涂抹时添加前景色，就好像是沾了颜色去涂抹一样，用这种方法可以模拟出油画笔夹杂颜色的效果。

2.4.4 减淡工具

"减淡工具"和"加深工具"，顾名思义是可以利用它们对图像的亮度进行增减的工具。"海绵工具"可以修改色彩饱和度。它们的快捷键是字母"O"。

"减淡工具"和"加深工具"的工具选项栏是相同的。在"范围"下拉列表提供了 3 种模式，可以选择要修改的色调。选择"阴影"，可以对图像的暗色进行调整处理；选择"中间调"可对图像的中间色调进行处理，一般情况下，我们常用此模式；选择"高光"，则对图像的亮部色调进行处理。

"曝光度"可以控制减淡工具或加深工具的曝光程度，数值越高，效果越明显。

"海绵工具"有两种"模式"可供选择，"加色"与"去色"。"加色"就是对修改区域增加饱和度，"去色"就是对修改区域减弱饱和度。

"流量"是指海绵工具指定的流量，数值越高，强度越大，效果也就越明显。

2.4.5 吸管工具与颜色拾取器

作为 Photoshop 软件中的取色工具,在数字绘画中的使用频率极高。它的快捷键是"I", 吸管工具所吸取的颜色将在工具栏中的前景色框中显示;若在选择吸管工具的前提下,再按住 Alt 键,那么再吸取颜色时将在背景色框中显示。

在实际绘画过程中,我们很少会手动选择吸管工具,而是按住 Alt 键进行取色,此时画笔光标会临时切换为吸管光标。

图 2-101 吸管工具属性栏

在吸管工具的属性栏中,有一个叫"取样大小"的参数设置项,其默认为"取样点"。"取样点"的意思是吸管工具可以精确地选择当前画笔所点击的单个像素颜色。其下拉列表中还有 3×3 平均、5×5 平均、11×11 平均等可选模式,其意思就是指定吸管工具取样时该以多少像素为一个样本进行取色,如图 2-102 所示。

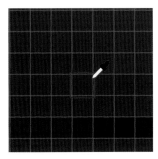

图 2-102 "取样点"示意图

对于颜色的选择方式,除了吸管工具吸取图像中的现有颜色以外,还应该掌握如何从"颜色拾取器"中选择颜色。单击工具栏中的前景色或背景色图标,即可调出"颜色拾取器"对话框,如图 2-103 所示。在颜色拾取器中显示的颜色内容会因为不同的颜色描述方式(单击 HSB、RGB、Lab、CMYK)而有所不同。对于数字绘画来说,我们使用 HSB 颜色描述方式会更加直观。

对于颜色拾取器并没有快捷键可以使用,而颜色的选择又是经常要用到的功能。所以,我们可以给"前景

吸管工具中对"样本位置"的设置

当文件包含很多图层时,特别是在含有调整图层或含有半透明像素的图层的情况下,我们使用"吸管"工具进行吸取颜色时就要注意到采样位置的问题。

一般来说,默认的选择是"所有图层",意味着不管当前选择的是哪个图层,吸取的颜色永远是当前画面最终显示的颜色。这就有可能造成在单独图层中吸色的不准确,造成颜色被重复叠加。所以,当要进行对某一图层的单独修改时,比如想吸取该图层中的颜色进行补充绘制,就需要将吸管工具中的"采样位置"设置为"当前图层"或"当前图层及以下图层",这样再按"Alt"键吸取颜色时就不会出现颜色反复叠加的问题。

常用颜色模型介绍

HSB 颜色模型

HSB 模型是基于人眼对色彩的观察来定义的,在此模型中,所有的颜色都用色相(Hue)、饱和度(Saturation)和亮度(Brightness)这 3 个特性来描述。

RGB 颜色模型

绝大多数可视光谱可以用红色(R)、绿色(G)和蓝色(B)的不同比例的混合来表示。三种色光混合生成的颜色一般比原来的颜色亮度值高,所以 RGB 模型产生颜色的方法又被称为色光加色法。

CMYK 颜色模型

CMYK 中的 4 个字母分别指青(C)、洋红(M)、黄(Y)和黑(K),在印刷中代表 4 中颜色的油墨。随着 4 中成分的增多,反射到人眼中的光会越来越少,光线的亮度会越来越低,所以 CMYK 模型产生颜色的方法又被称为色光减色法。

Lab 颜色模型

Lab 模型色域最宽,理论上它概括了人眼所能看到的所有颜色。

图 2-103 颜色拾取器

图 2-104 设置键盘快捷键

色拾色器"设定一个常用快捷键。按下 Ctrl+Shift+Alt+K 组合键或单击"编辑"菜单下的"快捷键设置",打开键盘快捷键设置选项。在"快捷键应用于"处的下拉菜单中选择"工具"。这时其下方的窗口会变为相应的工具命令菜单,如图 2-104 所示。在这里找到"前景色拾取器",按照自己的需要设置一个快捷键即可,比如设置为"N"。这样我们在绘画时,直接按键盘快捷键 N 键就可以打开前景色拾色器了。

本章作业

1. 熟悉 Photoshop 画笔设置面板的各项参数,能够学会自定义画笔。

2. 制作一种带有纹理质感的笔刷,并应用该笔刷进行绘画练习。

3、结合素材,掌握选区的建立与调整,并进行简单的图像合成练习。

第三章 光影理论入门

3.1 光线的基本特性

　　光对于绘画来说至关重要，没有光线的作用，写生绘画就毫无意义，因为我们没法观察和表达这个世界，而对于默写创作来说，光的表现更多是我们的主观设计，而这种设计也不是毫无目的和无规律的涂鸦，要依赖于我们敏锐的观察和丰富的生活经验才能完成。

　　我们可以设想整个世界的物体都是白色的材质，先不要去考虑颜色，在这种假定的情况下，我们只单独去体会光的作用方式。三维软件可以很好地模拟这种感觉，如图 3-2 所示，是一个室内场景的白模示意图，整个场景只有一盏灯光从门外射向室内，以此来模拟天空光，此外没有任何独立的光源。我们可以看到，场景"最亮"的是中景部分，这部分处在阳光直射的条件下，而其他地方也依然能被"微弱"地照亮，让我们看到一些细节，这是因为射进来的光线在整个屋内开始不断反弹，这种间接的照明方式才让我们看到了屋内的其他细节。不过光是有能量的，这种能量会随着距离和反弹次数的增加

图 3-1　约瑟夫（Joseph Zbukvic）澳大利亚画家。1952 年出生于前南斯拉夫，1970 年移民到澳大利亚。他是当代最杰出的水彩画家之一。

图 3-2　三维场景对光的模拟

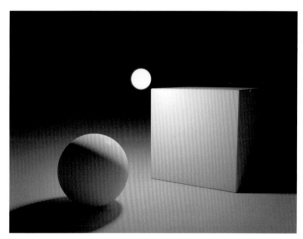

图 3-3　点光源示意

图 3-4　平行光示意

图 3-5　区域漫射光示意

而逐渐消弱。以至于不会把整个场景都反射的"透亮"。三维渲染之所以不断趋于逼真，也正是模拟了真实世界中光线反射的作用方式，接下来我们具体了解一下光源的种类和光的方向性。

我们把发光的物体叫做光源。太阳、电灯、燃烧着的蜡烛等都是光源。一般来讲，大部分光源都是向四周呈放射状照明的，特别是距离较近的点光源的光线方向更是发散性的，如图3-3所示。当光源离物体很近的时候，投射阴影面积会变大，明暗交界线也会向光源方向靠近。

但在地球上，太阳虽然自身也是向四周发散照明，但其照射到地球的光线却可以近似看成是平行的光线。这是因为太阳的直径为139万千米，为地球的109倍，是月球的400倍，并且太阳与地球的距离为149597870千米。由于太阳很大并且距离我们很遥远，所以它发出的光线到达地球以后，可以近似地认为是平行光线，它会对物体产生平行直射的光照效果。相比较而言，类似舞台中的聚光灯也可以说是一种平行光线，如图3-4所示。

另外，有过摄影经验的同学都了解，为了让拍摄的效果更佳柔和，我们有时会在闪光灯前面加上柔光罩，而这就相当于一个面光源了。对于这种面积相对较大、表面漫射的光源来讲，其光线方向是相对发散的，这使得物体可以被均匀柔和的照亮，投影也变的相对柔和，如图3-5所示。光源的面积越大，明暗交界线离光源越远，投射阴影越柔和。

图 3-6 电影《超级战舰》(Battleship)中的画面

电影《超级战舰》

《超级战舰》(Battleship)根据变形金刚玩具公司孩之宝的另一款玩具与游戏改编，由彼得·博格执导。影片于2012年5月18日在美国上映。

电影讲述美国海军军官艾利克斯·霍普中尉被上级派往导弹驱逐舰 USS 约翰·保罗·琼斯号上履行职务，在夏威夷的一次多国联合海上演习时，舰队遇到了隐匿在太平洋深海的外星巨形母舰，艾利克斯率领被保护罩孤立的海军舰队，与来自外太空的外星战舰震撼开战。

光源的照射方式也并不是各自独立存在的，通常情况下都是这几种光源类型的综合运用。如图 3-6 所示，是电影《超级战舰》的镜头画面，画面中，外星战舰的金属外壳有着明显的明暗分界，结合环境可以判断是受到太阳光的直接照射，受其影响，颜色偏暖。外星战舰所处的环境是海洋和天空，整个环境作为一个大的散射漫光，给战舰的暗部进行了偏蓝色的补光，与此同时，战舰自身的火光相当于近距离的点光源，其影响范围有限，但这种暖光不仅起到了冷暖对比的作用，同时也能烘托出紧张、刺激的视觉氛围。

在实际的绘画创作中，我们不仅要为整个画面确定好光源的种类、强度、位置等要素，还要设计好光线照射的方向和角度。之所以要明确光线，是因为画面中光线的作用方式将直接影响到画面主题的构建与画面气氛的营造。如图 3-7 所示，是 CG 艺术家 Craig Mullins 的数字绘画作品，我们可以体会一下他对画面中光源及光线方向的把控。

从光源发射出的光线当然不是一成不变的直线，光线的方向也会因为物体的阻挡以及物体自身属性的不同而发生变化。

在真实世界中，光线照射到物体表面后有些光线会被物体吸收，转化为热能，有些光线会被反射回空间形成反射光，这

图 3-7 CG 艺术家 Craig Mullins 的数字绘画作品

种反射光同样会照射周围物体，以这种方式不断地向周围反射，直到能量被削弱。当然，也正是因为有了物体的反射光，我们才能看到物体。我们可以回想本节开始的那张室内场景图，来体会一盏灯光的光线是如何对室内景物产生影响的。

如果只有直接照明，并且光线不发生在物体之间的反射，那么我们看到的将只是物体被照亮的一面，没有被光照到的部分将是漆黑一片，看不清任何细节。如图 3-8 所示，是在三维软件中的模拟场景，在没有间接光照时，物体只有接受到照明的面是亮的，其余都处在阴影中，这显然是不真实的，也不符合物理规律。正常来说，光从上方打下来，光线会在地板、墙面、茶壶等各个物体之间进行反射，如图 3-9 所示，正常来讲，一盏灯就足以"照亮"这个小角落。

光的反射主要有两种方式，即镜面反射和漫反射，其中漫反射是最常见的反射方式。我们知道对于平滑的表面，光线会发生平行反射，这种情况往往出现在镜子表面、水面、金属、光滑的油漆，以及塑料材质上。镜面反射的光线入射角等于反射角，而且反射光的强度几乎也和入射光源的强度相当。但镜面反射的情况在自然界中并不多见。大多数情况下，物体的表

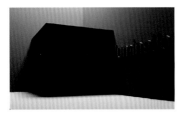

图 3-8　无间接照明效果

图 3-9　有间接照明效果

面都是凹凸不平的，即使是入射角度一致的平行光线，也会由于物体表面凹凸不平而在其表面进行不规则的反射，我们将这种反射方式称为漫反射方式，如图3-10所示。

光线除了会被物体反射以外，还会穿透透明物体而发生折射以及焦散的现象。折射是当光线通过凸透体时发生的弯曲变形，如图3-11所示，是在三维软件中对折射现象的模拟。

焦散也是光的方向发生改变时的现象。"焦散"是指当光线穿过一个透明物体时，由于对象表面的不平整，使得光线折射并没有平行发生，出现"漫折射"，投影表面出现光子的分散。如图3-12所示，是在三维软件中对焦散效果的模拟，一束光照射一个透明的玻璃弯管，由于玻璃弯管的表面是弧形的，其投影表面上就会出现光线明暗偏移，产生焦散现象。焦散的强度与对象的透明度、对象与投影表面的距离以及光线本身的强度都有关系。

值得一提的是，除了这种光线在透明物体内发生的方向改变外，还存在一种针对半透明物体的次表面散射现象。在真实世界中，有很多物体是存在半透明现象的，比如皮肤、蜡烛、牛奶、玉石等等，对于这种半透明物体，其材质属性存在不同程度的透光性，透射进物体的部分光线会在物体内部进行散射。

我们以皮肤为例。当光线照射皮肤表面时，有一些光线会被反弹回空间，有些光线会被物体吸收。当光线进入皮肤以后，会在皮肤内部的组织，比如肌肉之间继续反射，而在这个过程中，依然会有部分光线被反弹，部分光线继续射入皮肤下的更深层次，并彼此相互作用。如图3-13所示。

图3-14为电影《加勒比海盗》的章鱼船长制作分解，我们可以看到次表面散射效果让角色模型变得通透并极具真实感。

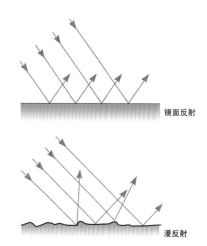

图 3-10　光线反射示意

图 3-11　光的折射

图 3-12　光的焦散

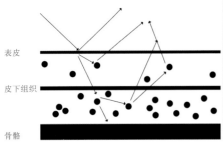

表皮

皮下组织

骨骼

图 3-13 光通过皮肤表面过程示意图

图 3-14　电影《加勒比海盗》制作花絮截图

另外，对于逆光效果来说，半透明物体会存在明显的勾边效果，如图 3-15 所示。需要注意的是，勾边的强弱变化以及面积的大小，是根据物体轮廓的薄厚程度以及物体结构的起伏、转折等诸多因素而发生改变的，并不是简单的一根亮线。

通过本节的学习，我们应该了解，在数字绘画中，整个画面的光影效果要保持和谐统一，要认真思考光的方向性、光的强弱和衰减范围、物体反射光的多少以及在周围景物之间的相互影响。当然，要考虑的因素还有很多，了解了生活中光线是如何反射并相互影响的，是建立让人信服的数字绘画作品的基础。

图 3-15　半透明效果

3.2 光对形体的塑造

通过对光线的简要分析，我们了解了光在物体表面会发生的种种情况，那么，我们的物体又是如何对光线做出了反馈，从而被我们察觉和感知的呢？

我们知道，如果没有光的照射，我们是看不见任何物体的，但物体本身是真实存在的，它的形状和结构是不变的。因为有了光的照射，我们看到了物体的形，与此同时，物体的体感能被我们感知，于是，一个实实在在的、立体的物象立于我们的眼中。那么，我们要想在画面中重塑我们看到的东西，也要遵循这样一个原则，那就是体感是依存于形状和结构的。

很多初学绘画的同学都会很刻意地去追求表面的光鲜亮丽，而画到最后物体本身的样子都变了。所以在介绍光对形体的塑造上，我希望能将形本身放在首位，这是我们需要感知物体并重新创作于画面中的第一要素。抛开了形状，绘画将变得浮予表面。那么，对于形的理解和再现，就是我们常说的造型能力。对于造型能力的培养，需要们认真观察事物，学会对比和概括，并勤于练习，形成观察和描绘事物的习惯。

对于体积的把握，我们依然可以沿用对物体概括的方式，将复杂的形体结构概括为我们所理解的几何体结构。这种概括和理解的方式多种多样，因人而异，没有固定的模式和规律，只要作画时善于观察和分析，做到心中有数，就能很好地把控画面，而不至于越画越乱。

一般观察一个物体时都会人为地给它分为若干个面，这样便于我们分析物体的结构和存在方式。如图 3-17 所示，我们以一个球体为例，来了解它各个部分的受光情况。

我们可以把球体上的光影调子简单理解为受光部与背光部，正是这种亮与暗的反差对比，才形成了我们对物的立体感知。而真实世界中物体的结构是变化多样的，这导致光线在物体不同表面方向上的照度不同。

在球体表面上，越是对着光源的部分，受光就越多越充分，调子也就越亮，而随着球体弧面与光线夹角的减少，受到的光线照射也相对减弱，逐渐变为灰亮的调子，直到表面与光线平行的时候，即光线与表面相切，将处于受光的"盲点"，此时调子很暗，被称为明暗交界线，它依附于物体的结构，是物体亮部向暗部过渡的区域。

图 3-16　漫画大师弗兰克·米勒的作品

弗兰克·米勒

弗兰克·米勒（Frank Miller）是美国著名漫画大师，同时也是电影导演、编剧和演员。1957 年出生于马里兰州的奥米亚，1986 年他推出自己的漫画处女作《蝙蝠侠黑骑士再现》，立即引起业界和读者的普遍关注。主要作品有：《蝙蝠侠：黑骑士再现》《蝙蝠侠：第一年》《罪恶之城》《夜魔侠：重生》《斯巴达 300 勇士》和《黑天使》。

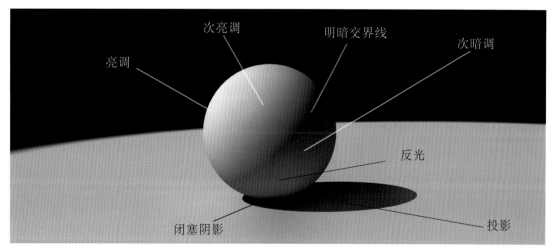

图 3-17　光影关系示意

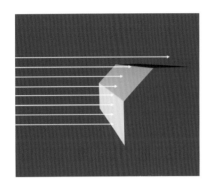

图 3-18 面的不同角度与亮度变化

随后，球体上的背光部将不再受到来自光源的直接照射，而更多的是受到周围环境光的影响，呈现从次暗到弱暗的变化。如图 3-19 所示，是球体表面明暗调子变化的示意表。

球面	调子名称	明度	与光源、光线的关系
受光部	亮调	亮	正对光源、受光较多
	次亮调	亮灰	斜对光源、受光较少
背光部	明暗交界线	暗	光线与表面相切
	次暗调	次暗	背对光源，受环境光影响较小
	反光	弱暗	背对光源，受地面的反射光影响较多

图 3-19 球体表面明暗调子变化示意表

明暗交界线并不一定是很黑的，如图 3-20 所示的球体，其明暗交界线显得十分微妙，它虽然是光源光线与球体表面的相切处，但并不意味着不再受到任何光照了，周围的环境光都会对其造成一定的影响。所以，我们在塑造形体的时候，一定要结合所设定的光线环境，不能千篇一律地对待。

在球体上，明暗交界线所在的平面正好与光线垂直，所以我们在描绘对象时，一定要注意形体的结构关系，要跟着结构走。我们可以对比图 3-21 所示的画作，明暗交界线交代出人物脸部的转折与起伏，同时其灰度也会因为环境光的影响而不断变化。

明暗交界线并不一定很暗，但物体之间或形体之间所形成的闭塞区域一般都比较暗，影子呈现出柔和的简便层次变化，也叫"闭塞阴影"。形成闭塞阴影的主要原因，就是光线在闭塞的角度内不断向内部反射，很难有光线再反射回来，所以这部分区域会相对较暗，形成闭塞的阴影。我们可以看到图 3-20 中，球体与地面的接触点及周围的一些区域都比较暗，这部分就是球体与平面形成的闭塞阴影，在这张画面中，它是最暗的部分。

在实际的应用中，闭塞阴影会增强画面的细节，提高画面的厚重感和真实感。了解三维渲染的同学都知道，在三维软件中，闭塞阴影可以被单独计算输出，以调节图像细节的明暗层次，使三维渲染的图像更接近真实。图 3-22 所示的是添加了闭塞阴影通道的三维静帧作品。

图 3-20 微弱的明暗交界线

图 3-21 人物绘画

图 3-22　在三维软件中单独渲染的闭塞阴影（环境光闭塞通道）

3.3 环境光效

通过前面的学习，我们了解了光的基本特性和光对物体的塑造。要想让我们的数字绘画作品的光影表现更加合理，还需要对空间环境的光效有更近一步的认识。

3.3.1 太阳与天空

自然光是电影、摄影、乃至 CG 表现中不可或缺的重要光源，自然光主要来源于太阳光照，对于闪电、火焰、生物光源等也可以称为自然光。

在前面我们了解到，除了直接光源的照射外，环境中还存在着大量的间接照明，其中，天空就是一个巨大的漫反射光源。说它是光源，也不完全正确，因为天空本身并不发光，而是反射了太阳中的光线。

太阳的白光是由连续频率的色光组成的，这些色光都有一定的波长，按照波长的长短排列，可以分为红、橙、黄、绿、蓝、青、紫。比红色波长长的光线被称为红外线，比紫色波长短的光线被称为紫外线。当光线透过地球上厚厚的大气层照向地面，波长较短的光线会被散射，在大气中与各种微小粒子发生碰撞而相互反弹，使得整个天空呈现出蓝色。

图 3-23　白光的组成

光源的面积越大，其光线的散射程度就越高，阴影也就越柔和，所以，天空可以被当作一个非常巨大的区域光，对整个地面物体产生均匀的辅助照明，由天空光影响所产生的投影都很柔和，没有明显的投影边界。我们可以认真观察晴天与阴天这两种不同天气条件下的光线照明情况。

因为有了天光对物体暗部的补光作用，物体的暗部才不至于黑成一团。我们可以对比月球表面的景象，由于月球不像地球具有厚厚的大气层，所以所以月球没有天空光的漫射，这导

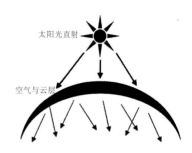

图 3-24　大气对光线的散射形成间接照明

图 3-25　月球表面

图 3-26　Lumion5.0 渲染的早晨效果图

图 3-27　Lumion5.0 渲染的上午效果图

图 3-28　Lumion5.0 渲染的正午效果图

图 3-29　Lumion5.0 渲染的夕阳效果图

致物体的暗部很暗，看不清细节。如图所示。

前面我们提到过，因为太阳距离我们很远，所以从它发出的光线可以近似地理解为平行光线。这导致物体的投影不会像近距离点光源造成的投影一样向外发散，而是趋于平行，并且阳光越强烈，物体阴影越清晰锐利。

一天中，太阳东升西落，太阳高度的不断变化，导致不同时间段的光照效果不同。清晨太阳刚刚从地平线下破出，而环境中凝结了一夜的雾气往往还没有消散，此时太阳散发出的光线会受到雾气的影响，在雾气中均匀地漫反射，产生更加柔和的光照效果，光照强度的衰减程度很大，同时，远处物体的边缘也就更加朦胧。并且，此时散发出的光会伴有一点点柠檬黄的冷色调，所以清晨会给人一种清新、淡雅的感觉。

随着太阳高度的变化，在一天中，太阳光线会与地面经历两次 15~60 度之间的光照角度，它们分别处在一天的上午和下午的时段，占据着一天太阳光照的大部分时间。在这段时间内，光线变化相对缓慢，光照度和色温也变化不大。

正午可谓是一天中光线照射强度最高的时段，我们可以明显地感觉到物体的受光部与背光部的对比非常强烈。受光部通常呈现出太阳的暖白光，背光部受到整个天空的影响而偏蓝冷色。一般在这样强烈的光线下，不适宜拍摄或描绘人物肖像。

日落时刻，也是一天太阳光照的最后时段。我们通常在此时会看到西边的天空呈现橙红色的美丽景象，这是因为此时的阳光中的大部分的蓝紫色短波光线被大气层吸收并扩散到天空，只剩下橙红色的长光波光线透过大气层到达地面。这时的光线相对柔和，一片的橙红色会带给人宁静的感觉。由于整个环境经受了一天的照射，往往无法形成雾气，使照射物体的明暗交界线会很明显，地面上会出现长长的投影。物体的受光部受到太阳照射呈现出暖橙色，背光部受到较弱的天空漫反射影响呈现出紫红色或紫色调来和受光区域的颜色形成对比。由于这段时间内画面充满金色、橙红色的光线，因此在摄影中也往往将这段时间称作"黄金时间"。

此外，阳光的光照效果还会受到地域和气候条件的影响，比如晴天与阴天所获得的光线效果是不同的。阴天条件下，由于云层的遮挡，太阳的直射光很难到达地面，基本都是受天空的漫反射光源的影响，而晴天条件下的光线是太阳的直射光与天空的漫射光的混合。

图 3-30　CG 艺术家 Craig Mullins 的数字绘画作品

如图 3-31 所示是电影《变形金刚 4：绝迹重生》中的画面。在这张室外场景中，太阳的光线被环境中浓烈的烟云所笼罩，光线在这种空气条件下难以直射，这种黑云压城的阴森气氛，凸显出反派角色的强大。

夜晚，已经没有了太阳的直射光线，但我们依然可以透过月光和微弱太空光看清一些物体，它们都是间接地反射太阳的光线。夜晚的环境光线基本呈现冷

图 3-31　电影《变形金刚 4：绝迹重生》中的画面

图 3-32　夜晚光线下的场景概念设计

色调，如图 3-32 所示的概念设计中，月光和天光成为了画面的主要光线来源，由于照明条件为漫反射光线，所以物体的细节都融合在深色的冷灰调子中，营造出一种十分抑郁的气氛。

3.3.2 人造光源

人造光源基本在环境中呈现为点光源的光照效果。人造光源的种类繁多，大到整个足球场上的探照灯，小到电子产品的荧光屏，人造光源在人类现代生活中扮演着不可取代的重要角色，是人类现代文明的体现。自从电光源的产生，建筑照明、繁华街道、霓虹灯光、植物灯效等等各种纷繁的灯效让整个儿城市的夜景变得丰富多彩。

在数字绘画中，对于自然景观的光效表现就已经比较复杂了，而对于想要表达城市夜景这类题材的画面时，由于灯光数量、灯光强度、灯光颜色等灵活多变，画面的光影效果以及气氛的把握难度将增大，但也并不是无从下手，在把控好画面整

画面照明的高调与低调

一般来讲，低调照明的画面中光线极少，光线较硬，并具有很高的对比度，能够营造出压抑、神秘的画面氛围。通常出现在夜晚环境的设定中，但也包括诸如暴风雨或类似阴暗的室内场景中。

高调照明多以白色或浅色调为主，给人一种轻柔、明快的感觉。通常情况下多出现在雾雪天气的环境中，以及光线充足或以亮色为主的室内环境中，形成一种极简的视觉风格。

图 3-33　CG 艺术家 Craig Mullins 的数字绘画作品

体氛围的前提下，认真分析光线之间反射效应，并且将这些人造光理解成环境光的概念就会更容易理清思路。如图 3-34 所示，是概念艺术家 Craig Mullins 的作品。从中我们能深刻感受到人造光效在绘画中对整个气氛的营造与烘托作用。

人造光源在电影中很关键，灯光的塑造可以产生戏剧性的效果，更好地传达和烘托主题氛围。如图 3-34 所示是电影《金刚》中的画面。在这张室外场景中，暖色的店铺灯光成为了画面中的视觉中心，与夜晚的深蓝色基调形成对比，形成了浓郁的色彩氛围。

光照的衰减

光源的辐射范围是有限的，随着光线照射距离的增加，光线密度逐渐降低，光照随之变暗。

对于自然光源来说，这种衰减并不十分明显，但距离较近的光源（比如，大多数人造光源）的光线就不同了，由于它们相对较近，并且较小，光照的衰减比较明显。

当然，光照衰减问题也是相对的，在实际创作中，我们还要考虑到画面场景的比例问题。

图 3-34 电影《金刚》中的画面

3.4 光延伸出色彩

3.4.1 色彩的产生

没有光我们就不会看到周围的世界，更看不到色彩了。我们已经了解到，可见光是由不同波长的光混合而成的，这些光组合在一起就是我们所认知的白光。如图 3-35 所示是可见光所在的颜色范围。

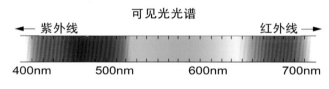

图 3-35 可见光光谱

物体为什么会呈现出色彩？物理知识告诉我们物体的色彩首先来自于对光线的反射，是在不同波段下光所呈现的状态。

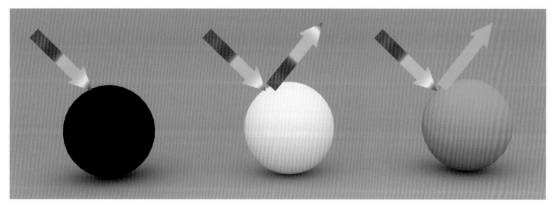

图 3-36 物体对光线的选择性吸收与反射

图 3-37　截取自 CG 艺术家 Alex Roman
三维超写实短片 *The Third & The Seventh*

当可见光照射到物体后，一部分光线会被吸收，另一部分光线被不同程度地反射回空间中，形成反射光。当这些反射光进入人眼时，我们就看到了物体的颜色。如图 3-36 所示，绿色物体之所以呈现绿色，是因为该物体表面吸收了除绿色以外的光线颜色而将绿色反弹回我们的眼中，所以我们认为这个物体是绿色的；如果物体表面对所有光的反射比例相同，那么物体将会呈现出灰色；如果全部吸收则呈现黑色；全部反射则呈现白色。但事实上自然界并不存在绝对的黑和绝对的白。

3.4.2 色彩的三要素

一般来讲，对色彩的认识，需要我们人为的规定对颜色的描述方式，这种描述方式可能有很多种，但色相、饱和度和明度是较为通用的色彩描述方法，这三种色彩属性可以称为色彩的三要素。

关于色彩的明度属性

明度对于画面来说至关重要，没有明度关系的存在，我们就不能分辨出物体的体积以及空间关系。明度决定了画面最基本的素描关系。

在上图中，A 和 B 分别位于受光与阴影处，但此时的 A 与 B 的明度相等。可我们对于这种特殊情况却深感迷惑，人眼一开始很难分辨出这两块色调的明度知否一致。我们的视觉倾向性地强调了临近方块之间的对比关系。使得棋盘格这一物体首先被识别。

通过认真分析棋盘格中亮部与阴影的亮色块与暗色块，我们不难发现，物体在不同调子中，要想能够真实地存在，需要具备和谐的明暗比例关系。

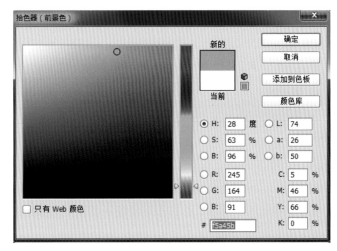

图 3-38　Photoshop 中的设色器

熟悉 Photoshop 的取色器的话，我们都知道，Photoshop 默认的取色方式就是依照 HSB 模式来的。在选择一个颜色的时候，我们首先要确定颜色的色相，即我们通常意义上所说的颜色；饱和度指的是颜色的强度或纯度，如果一个物体表现出的颜色很纯，也就意味着它反射的光线色域很窄，反射光所包含的其他干扰光线就越少，整体感觉就越纯；确定好色相与纯度后，我们还要定义颜色的亮度范围，对颜色进行进一步地描述。

如图 3-39 所示的绿色球体，有一盏白色区域光进行均匀地照射，物体反射绿色较多，阴影柔和并呈绿色。绿色物体的亮面会因受到较多的光线照射而偏亮灰色，随着物体结构的转变，明暗交界一带受到的直射光和环境光相对较少，更多的是呈现物体的固有颜色，所以该部分相对较纯。物体的暗部不会受到白光的直接照射，只会受到周围环境的间接光线影响，由于环境的反射光包含的颜色相对较多，所以暗部一

图 3-39　绿色球体的色彩关系

般会呈现暗灰色。在这张画面中，球体与白色表面接触的位置会形成反射光，从而微微照亮球体的底部区域，这周围区域的颜色纯度会因为绿色光线的来回反弹而加强，呈现出较纯的颜色。当然，这里所说的绿色球体并不是绝对的绿色球体，它对光线的吸收和反射也是包括其他颜色的。另外，物体的纯度的强弱还要依照周围环境光的属性而定。

一般把多种色光混合后的光称为白光，当白光照在有色物体上时，呈现的是物体本身的色彩特征。而如果是有色光线照到有色体上，将产生加色、减色或改变原有颜色的效果。比如绿色的光找到绿色的物体上，绿色的饱和度被加强，而绿色球体受到红色光线照射时，由于红色光线本身的绿色光成分很少或几乎没有，这导致球体无法呈现自身的颜色而变成黑色，难以辨认。另外，有色光线照到灰色物体上，能使灰色物体显光色。

不过需要注意的是，在真实世界中，绝对的颜色并不存在，大多数物体对光的吸收和反射都有一定的范围，这导致物体的反射光同样会影响到周围的物体，产生颜色溢出现象。

对于这种不同光色之间的相互混合，需要同学们对颜色的原色、补色、邻近色以及色彩的混合规律有一定了解。在实际绘画中，这种颜色之间的相互渗透和混合是比较常见的，我们要认真思考光线在画面中的相互作用，不能千篇一律地把物体画的太概念而失去了基于真实的创造性的发挥。只有了解了光的作用规律，我们在绘制光影与颜色时才能做到胸有成竹。

3.4.3 色光三原色

学过绘画的同学都知道，绘画中的颜料三原色指的是红、黄、蓝，它与我们所说的色光三原色有着很大的区别。如图 3-40 所示，颜料三原色是一种减色原理，三种原色的相互配比会导致颜色逐渐变暗，它更多的是为颜料的调配而服务。而色光三原色是一种加色原理，三种原色的配比会导致颜色越来越亮，直到白色。色光三原色是基于发光的，颜料和画纸本身并不发光，而是受到光照射并反弹光线后我们才能看到。相反，色光三原色更针对发出的光线本身，它更接近我们对真实世界的感知，是对光线作用于物体的更确切的描述。

图 3-40　颜料三原色

如图 3-41 所示，色光三原色红、绿、蓝三种原色彼此叠加会形成三种间色，分别为黄、品红、青这三种颜色，而三种原色都重叠的地方呈现为最亮的白色。

我们可以对照 Photoshop 中拾色器中的色相条，如图 3-42 所示。在这个色相条当中，我们可以轻松地找到红、绿、蓝三种原色，其中红色在左右两端，有些时候我们看到的色相环其实是将首位对接后的样子。在这张色谱中，我们可以明显看到，品红、青和黄色呈现出的亮度感比三种原色亮。这很好地印证了色光三原色的加色原理。也就是光线越叠加，颜色就越亮。

图 3-41　色光三原色

在真实世界中，光色的增亮也是依照这样一种规律进行的。

图 3-42　色谱中的明度差异

我们以爆炸时的火光为例，来了解光线增亮的变化。

从图 3-43 所示的蘑菇云中，我们可以看到，颜色增亮的变

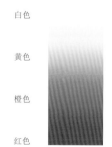

白色

黄色

橙色

红色

图 3-43　光线增亮的变化

图 3-44 末日火山概念图

化依次是从红到橙再到黄，最后曝掉成亮白色，这正好符合了色谱中从红色到黄色的过渡变化。一般来讲，这种光线的增亮在真实世界中是比较常见的，我们可以利用这个规律，来绘制诸如火山爆发、爆炸、烟火等效果。

如图 3-44 所示，是一张火山末日题材的场景气氛图。在这张画面中，整体气氛设定为偏红的暖色调，以突显情绪的紧张。在画面中，光线来源基本有四处，一处是被浓烟和阴云所笼罩的太阳光线，一部分是火山爆发时的光线，一部分就是地面上微弱的岩浆所发出的光线，再有就是整个天空的作为大的漫射光均匀照亮整个场景，不过在这里将其设定为大面积的偏暗的暖色，已显示出灾难影响的范围很大。在直接光线中，隐约的太阳光强度最高，其次是火山的爆发，最后才是地面的岩浆，处理好这三个光源的亮度级别与递增变化是画面真实性的重要保证。

在实际绘画创作中，善于利用这种光线递增的变化方式，是营造气氛、塑造真实感画面的重要手段。如图 3-45 所示，是 CG 艺术家 Craig Mullins 的数字绘画作品。其中光线的增亮变化为从蓝到青的变化过程。

对于其他几种光线的增亮变化，同学们应该能举一反三，在此不一一例举。

图 3-45 CG 艺术家 Craig Mullins 的数字绘画作品

色温

色温的概念最初来源于自然科学领域。在再燃科学领域中，色温指的是一个黑色物体（即黑色辐射）被加热时辐射的能量：加热初期，物体仅发出红外辐射；达到一定的热度后，物体发出的可见光谱光线，呈现出红色的光芒；随着温度的增加，红色逐渐变为白色，最终变成蓝色。这种自然科学范畴中的色温，与艺术创作中对颜色和温度关系的理解正好相反，它仅代表温度加热过程中的色彩变化。是表示光源光色的尺度，单位为K（开尔文）。

1800K 4000K 5500K 8000K 12000K 16000K

图3-47　电影《疯狂麦克斯4》中的画面

图3-48　电影《疯狂麦克斯4》中的画面

3.4.4 色彩的冷暖与情感

色彩的冷暖涉及到个人生理、心理以及固有经验等多方面因素的制约，是一个相对感性的问题。冷暖本来是人们的皮肤对外界温度高低的感觉。生活经验告诉我们，太阳、火把、岩浆这种红橙的暖色体温度是很高的，相反，冰山、雪地、大海等反射蓝色较多的冷色体给人的感觉就是温度很低的。这些生活经验也同样让我们对颜色本身做出冷与暖的感觉判断。

色彩的冷暖是互为依存的两个方面，相互联系，互为衬托。当我们看久了暖色的画面，再看别的物体似乎都蒙上了这种暖色画面的补色颜色，也就是偏冷，这是我们人眼固有的色彩感知。如图3-46所示，在红色和蓝色的色块上面放上一个玫瑰红色条，我们会发现，这条颜色会在右边显得暖，而在左边显得冷。这是视觉上的错觉，在不同的环境中看这种颜色，人的眼睛对它会有不同的判断。任何事物都需要观察，在绘图时不能仅凭自己的感觉选择颜色；不能认为这里是红色就选红色，实际上情况并不总是这样。色彩的冷暖主要通过彼此之间的互相映衬和对比才能体现出来。没有哪一种颜色是孤立起来判断冷暖的。

虽然从科学角度来讲，色彩与温度的联系并不一定是我们想的那样，但这种画面氛围的营造却是一种调动观众情绪的有效方法。比如，要表达整体的感情基调，可以在整幅画面的范围内，运用一个大的冷色或暖色，营造强烈的视觉氛围。如图3-47和图3-48所示是电影《疯狂麦克斯4》中的画面，其几乎都是一种调子，通过冷暖的把握来传达一种特殊的情绪或氛围。

另外，冷暖在重量感和湿度感上也会有所差异，暖色偏重，冷色偏轻。暖色干燥，冷

图3-46　色彩冷暖的相对性

色湿润。在空间感上，暖色有前近和扩张感，冷色有后退和收缩感。

　　除了色彩的冷暖关系给人造成的心理区别外，色彩的明度与纯度在画面中也会引起人的心理变化。众所周知，由于一部影片情节上的跌宕起伏，各个场景间情绪的转换，色彩基调上也会有强烈的区别，如图3-49所示是《指环王1》中的镜头画面。

图 3-49　电影《指环王 1》中的画面

　　我们把镜头的颜色分成大的色块可以清楚地看到，镜头中出现了大量的绿色和暖色光源，主要是因为绿色有轻松的意味，它有非常积极一方面，如宁静，自然。但是假如置身于一个荒岛上，周围全是绿色也会有相反的意义，就是表明它会产生负面的消极影响，如疲倦和内疚的情绪。当然这个场景之中的色彩是加工过的色彩，这个色调偏灰，在灰色系当中，灰色所引起的负面情绪反应往往是指恶劣的天气所引起的情绪，如悲伤、忧郁，当然有时也代表平和、整洁等情绪。

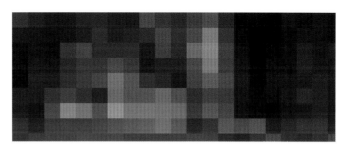

图 3-50　色调示意

　　如图3-51所示也是《指环王1》中出现的镜头。这是他们在通往火山的路途上遇到的人形雕塑画面，简化颜色信息后可以观察到，画面中大量运用了浅紫色及浅玫瑰红的颜色，这些颜色代表高贵。浅红色代表积极、强大、激情，当然这些颜色也都会产生负面的影响，如狡猾、退缩以及血腥。

图 3-51　电影《指环王》中的画面

　　图3-53所示的场景中，其整

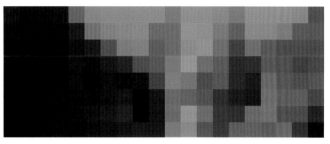

图 3-52　色调示意

图 3-53 电影《指环王》中的画面

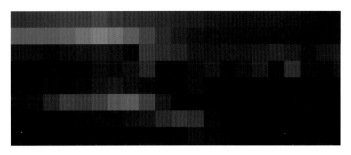

图 3-54 色调示意

个画面的颜色明度较暗。一般亮色往往引起诸如纯真、和平的感觉，由亮色所引起的消极情绪主要是寂寞和迷茫。深色往往与失望、害怕和愤怒这些消极情绪相联系；与深色对应的积极情绪是财富、健康与力量。

总体说来，光线对营造画面的气氛起着重要的作用。在绘画时，有意添加这些气氛语言与情绪，有利于更好地传达出故事的主题与氛围。

本章作业

1. 掌握不同光源类型的光线特点，能够分析并表达出不同光线条件下的物体光影关系。

2. 了解颜色之间产生对比后在视觉上的不同感受，绘制不同颜色基调的场景小样。

3. 绘制太阳光在不同时段下的场景小样。

4. 绘制一幅的自然环境／城市日（夜）景图。

第四章 空间透视

4.1 透视基本概念

"透视"一词是从拉丁文译过来的，意思是"看透"。最初的研究是通过一层透明的平面去研究后面物体的视觉科学。在艺术设计中，透视学是视觉艺术领域中的技法理论学科，研究如何把现实世界中的三维空间表现在一个二维平面上，使这个平面在真实程度上具有立体空间感和深度距离感。其应用在绘画、建筑设计方面有较长的历史，是艺术与科学的结合运用。

人类在长期的艺术实践与探索中，创造和发明了许多表现空间远近的方法。现在我们使用最多的是线性透视方法，它是文艺复兴时期的产物，即符合科学规律地再现真实世界的物体形态与空间位置。线性透视方法是根据视觉透视几何学和光学规律来确定物体的远近、位置、大小及形状等空间关系的基本规律，如近大远小，近清晰、远模糊等。

透视画法可大致分为空气透视和线性透视两大类，这两种透视理论一起构建起我们画面的深度空间。我们常说的颜色透视也都涵盖在了空气透视的范围内．只要我们认真观察生活，空气透视就会很容易理解。而对于线性透视，则需要更深层次的领悟以及大量的练习才能灵活掌握。

《最后的晚餐》

《最后的晚餐》是达·芬奇的代表作。作品题材取自圣经故事：叛徒犹大告密，基督在即将被捕和钉死在十字架前，与十二门徒共进晚餐，席间基督镇定地说出了有人出卖他的消息，此话引起众弟子的骚动，每个人都对这句话做出了富有个性的反应，有的向耶稣表白自己的忠诚；有的义愤填膺要求追查；有的大惑不解询问究竟。达·芬奇此作就是基督说出这一句话时的情景。

图 4-1　《最后的晚餐》

在进行影视艺术创作的过程中，透视学是一门必修课程。掌握透视学知识是必备的基础应用能力。只有彻底地理解透视原理、掌握透视图的绘画技法，才能更好地把握空间、准确表现人物及景物的结构及造型。

4.2 空气透视

空气透视的规律是指，近处的景物比远处的景物明暗反差大、景物浓重、色彩饱满、清晰度高等视觉现象，特别是在云雾缭绕的场景中更为明显。

为什么会有这种现象？这是因为观察者与被视物体之间存在着空气，而真实世界中，这种空气并不是完全透明的，而是包含了诸如灰尘、烟雾、水气、雨雪等物质，所以我们可以理解成空气是有密度的，即空气有自己的体积。所以当我们的视点距离被观察物体较远时，越来越多的空气阻挡住我们的视线。由于空气厚度的存在，造成远处物体的细节也就不再那么清晰可见，物体自身的颜色影调也表现出近浓远淡的特征。

其实我们所看到的天空也体现着大气透视的道理。如图 4-2 所示，是概念设计师魏明（Allenwei）的场景设计图，我们会发现，画面中接近地平线的地方，天空的颜色变得灰白了，远处景物的颜色被削弱，整体氛围被笼罩为一层蓝色。所以，介于物体与眼睛之间的空气介质越多，物体就越失去其本来的固有色，更多的呈现出空气的颜色。另外，空气越接近地面的部分，蓝色越浅，越远离地平线，蓝色越浓。正如画面中所看到的，整

图 4-2　概念设计师魏明（Allenwei）的场景设计图

个天空呈现一个大的渐变过渡。

如图 4-3 所示的雪山场景概念图，远处山体的明暗对比被削弱，导致细节层次少，呈现为一个灰色的色块，随着距离的拉近，近处景物的明暗对比强烈，细节丰富，纯度相对较高，再加上光线在整个画面空间的衰减变化，致使画面的深度感得

图 4-3　场景气氛图

到了很好的表现。

一般来讲，人眼与空间内的物体都会保持一定的距离，所以哪怕距离我们很近的物体，其明度也不会太低。所以在我们的画面中，要尽量避免出现纯黑与纯白的明度。如图 4-4 所示是推荐使用的画面灰度范围。例如，我们可以使用如图 4-5 所示的灰度来定义画面的亮调、中间调和暗调，三种灰度比例的运用使得画面景别布局及视觉空间得到了很好的表现，如图 4-6 所示。另外，同学们应该举一反三，体会在不同明暗调子中，塑造空间以及表达物体的方式方法。

空气透视的合理应用会使得我们的画面颜色关系和谐，画面真实而不琐碎。在实际绘画创作中，特别是对场景的设计来说，空气透视是塑造真实必须要考虑的重要因素，适当地运用空气透视对提高画面的深度具有重要的作用。

对于空气透视的应用，我们可以总结为以下几点：

1. 受到空气透视的影响，近处物体会比远处物体更清晰，即近实远虚。

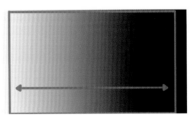

图 4-4　推荐使用的画面灰度范围

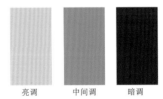

亮调　　　中间调　　　暗调

图 4-5　调子示意图

图 4-6　空间灰度比例示意图

2. 环境中物体的色彩浓度会因为距离的增加而相对减淡，即近处物体色彩纯度高，远处物体色彩纯度低。

3. 环境中的所有物体都不可能以纯正的固有色存在，只能说物体距离越近越接近固有色，距离越远越受环境色的影响。

4. 景别不同，明暗灰阶对比不同，近处物体明暗对比度高而远处物体明暗对比度低。

4.3 线性透视

4.3.1 线性透视的基本概念

线性透视最基本的原理就是近大远小，即距离越远，物体越小。我们在数字绘画中经常会用到三种线性透视画法：一点透视、两点透视、三点透视。其中，三点透视是最能完整表现物体立体感，最接近人眼视觉经验的绘画透视技法，而一点、两点透视，都是在特定条件下的一种近似，具有一定的局限性。而对于五点透视这种曲线扭曲的画面效果，则是完全的超出了人眼的视域范围所造成的强烈透视变形。所以同学们在学习线性透视的时候，要清楚，线性透视的绘画技法在很大程度上是对现实世界的近似模拟，我们可以通过学习它来近似的还原我们对真实空间的不同感受，从而在平面上塑造立体空间，传达创作意图。

线性透视作为一个较为严谨、完整而系统的绘画理论，有很多术语需要我们掌握。在这里列出了我们学习线性透视需要了解的几个最基本概念。

1、视点：就是画者眼睛的位置。

2、视域——眼睛所能看到的空间范围。

3、地平线：地平线是无限远处天与地的交界线，平视时地平线与视平线重合，仰视或俯视时，地平线分别在视平线的上、下方。

4、视平线：视平面与画面交界线，平视时即是画面上等于视高的水平线，并与地平线重合。

5、视平面：由视线所构成的面。当作画者平视时，视平面平行于地面，仰、俯视时，视平面倾斜于地面，正俯和正仰视时，视平面垂直于地面。

6、消失点：消失点又叫灭点。

7、天点：在视平线以上的灭点，即仰视的消失点。

7、地点：在视平线以下的灭点，即俯视的消失点。

4.3.2 视线范围与透视扭曲

如图 4-7 所示,图中的圆圈代表人的视线范围。其视线角度大概在 60°左右,相当于 50mm 镜头的拍摄效果。视线范围与地平线的焦点可定为 30°消失点,以它为参考,我们可以很容易的找到其他想要的消失点位置。比如图中的 35°和 55°消失点,这两个消失点与人物视点的连线角度为 90°,我们可以依据它们建立起地面栅格,绘制出在视线范围内的立方体透视,如图中的紫色标注的立方体。

在视线范围之外的部分,透视变化比视线内要强,图中的蓝色四边形比紫色立方体底面所在的四边形扭曲程度要大。这种画面效果类似用广角镜头拍摄的图像。

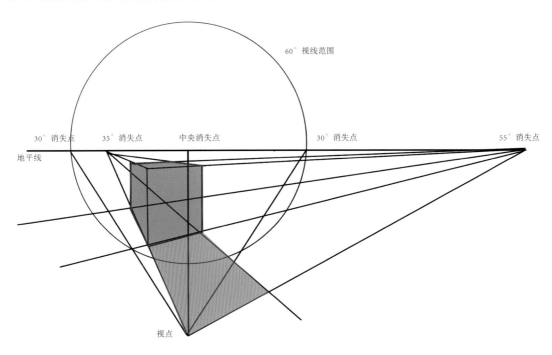

图 4-7 视角范围与透视扭曲的关系

如图 4-8 所示,黄色部分的立方体已经超出视线外,透视扭曲较大。我们在实际绘画创作中,要安排好画面的镜头角度与画面范围,避免绘制的物体超出视线范围之外,以免造成过渡的扭曲变形。

相对于人眼来说,要想看全周边的物体,我们只能往后退,

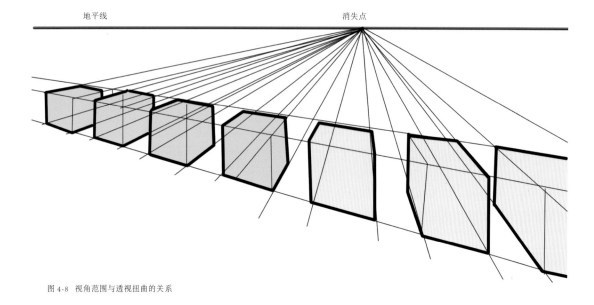

地平线　　　　　　　　　　　　　　　　　　　　消失点

图 4-8　视角范围与透视扭曲的关系

与此同时，两侧的消失点会向外侧偏移，导致景物的透视扭曲变小，使得视野内的画面依然保持适中的透视变化。

4.3.3 地平线与视平线的关系

地平线与视平线是最容易被混淆的两个概念，在上面我们了解到，视平线其实是我们眼睛所看方向的视平面与画面的交界线，当然，这里所说的画面是无限远的真实空间。

如图 4-9 所示，我们用虚拟摄影机来进行模拟。在这三张不同画面中，只有摄影机的位置发生了高度上的变化。图中的红色线条代表地平面，它也是摄影机画面中的地平线。绿色线条代表视线方向，它所在的水平面就是我们的视平面。黄色线条代表视野的角度和范围。我们把三张视线范围内的图像放在一起，可以明显的发现，虽然物体的透视在发生变化，但地平线的位置始终保持不变，并且，此时的地平线与视平线处在同一位置。

再看图 4-10，其他因素不变，只改变摄影机的拍摄方向。在左边一张图中，摄影机向下俯拍，我们看到此时地平线处于画面的上方，也即是处在视平线的上方；在右边的图像中，摄影机成仰拍角度，我们看到地平线的位置位于画面下方，也即是位于视平线的下方。对比中间的摄影机平视角度，我们不难

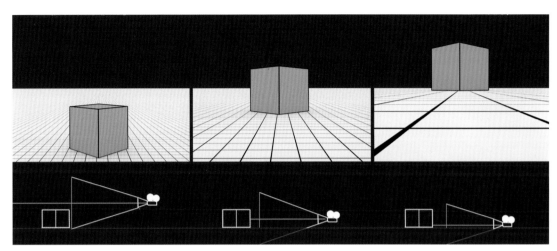

图 4-9　不同摄影机高度下，地平线与视平线的关系

发现，地平线的位置变化能够产生俯视与仰视的画面效果，当然地平线的位置还可在画面以外，使得俯视或仰视的效果更明显。

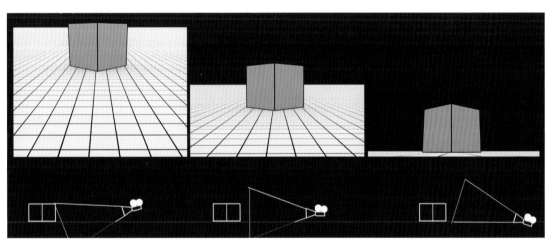

图 4-10　不同摄影机视角下，地平线与视平线的关系。

4.3.4 线性透视类型

　　线性透视的画法主要有一点透视、两点透视和三点透视，偶尔也会用到五点透视（曲线透视）。

　　一点透视又叫平行透视，它的消失点只有一个。比如我们要画一个立方体，这个立方体的一个侧面与我们的视线相垂直，或者说这个立方体正对着我们，那么立方体在纵深方向上的平

图 4-11　概念设计师魏明（Allenwei）的场景设计图

图 4-12　概念设计师魏明（Allenwei）的场景设计图

图 4-13　概念设计师魏明（Allenwei）的场景设计图

行线会与地平线相交于一点。物体平行于画面的线不会产生汇聚，因为它们的消失点在画面外无限远处，所以可以近似地看作不变。不过需要注意的是，一点透视在使用条件上有一定的局限性，如果消失点发生了比较大的偏移，一点透视的情况就不再适用，只有消失点在视线上偏中间位置时，一点透视才能更接近于人们的视觉经验。一般来讲，一点透视在表现室内场景或具有强烈纵深感的概念图中比较常用。

两点透视又称"成角透视"，即当正方体的一个角正对我们时，两侧的面在纵深方向的平行线会与地平线产生两个加点。两点透视在实际绘画中也是比较常用，这种透视关系所能应用的范围比一点透视更广，比较接近我们人眼对事物透视的理解。在两点透视画法中，与地平面垂直的部分都保持平行，这样就不用考虑垂直方向上的汇聚变化，即不用考虑天点或地点，这对进行概念设计来说比较容易控制，不过对于仰、俯角度较大的画面来说，两点透视就不再适用了。

三点透视实际上就是在两点透视的基础上多加了一个天点或者地点，即在垂直方向上的透视汇聚点。它最接近我们人眼的视觉感受，能够相对完整的表现物体的立体感和空间感，一般用于仰视或俯视角度较大的画面中，比如超高层建筑，它能使画面产生强烈的视觉冲击力。

五点透也叫曲线透视，它会产生一种类似鱼眼镜头的画面效果，即中间放大，四周缩小的强烈透视扭曲效果。如图 4-14 所示。相对于其他三种线性透视画法，五点透视的视线范围是开放性的，也正是因为这种宽广的视野范围，造成了画面强烈的扭曲变形。如图 4-15 和图 4-16 所示，是概念设计大师 Scott Robertson 的作品，整个画面呈现一种球面化效果。

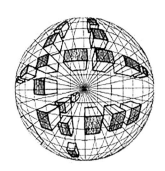

图 4-14 类似鱼眼镜头的透视效果

图 4-15 概念设计师 Scott Robertson 作品

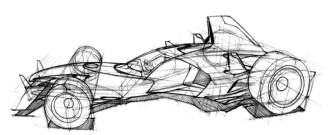

图 4-16 概念设计师 Scott Robertson 作品

4.4 透视应用案例——匹配素材的透视

下面我们列举一些画面实例来介绍基本的透视原理及操作方法，以及如何匹配已有素材的透视进行画面再创作。

如图 4-17 为人物站在蓝幕前被拍摄的画面。我们要想绘制好整个背景，就需要首先确定地平线的位置。

在画面中，我们只能看到人物的上半身，人物的脚与地面的位置并没有明确的交代，并且画面中没有明确的带有透视感的参考物体存在，所以我们只能通过画面中人物的透视角度来大致确定地平线的位置。

概念设计师Scott Robertson

Scott Robertson 毕业于艺术中心设计学院（Art Center College of Design），并于 1990 年 4 月获得交通运输工具设计学士学位。毕业后，他与好友 Neville Page（阿凡达的创作者）在旧金山开了一家产品设计咨询公司。他们的客户包括了 Kestrel，Giro Sport Design，日产汽车，沃尔沃汽车等。1995 年 Scott 搬到了瑞士韦威，在艺术中心欧洲分部教授绘画与工业设计直到 1996 年。从欧洲回来以后，Scott 的客户包括了 BMW（宝马）、Raleigh Bicycles、Nike（耐克）、Universal Studios（环球影业）等许多国际知名大公司，并参与了很多电影的设计工作，如电影《少数派报告》（Minority Report）。现在他继续在艺术设计中心学院教授绘画并开设了 Design Studio Press，致力于推广艺术书籍和教学视频 DVD 的出版发行。

图 4-17　原始拍摄素材

图 4-18　画面中的地平线与视平线

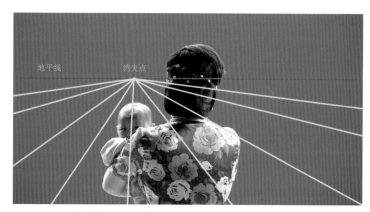

图 4-19　在地平线上确定消失点的位置

在图 4-18 的画面中，绿色线为摄影机的视平线，我们可以将视平线与人物的透视进行比较。在画面中，小孩的头是平视看向前方的，在视平线处，小孩的头顶所在的平面是可以被看到的，这说明视平线的位置并不是地平线的位置。而应在其上方。画面中角色的肩所在的平面是可以被看到，但角色的头顶所在的面是看不到的，结合画面构图以及情节要求，我们可以大致的将地平线定为人物发髻处的位置。如图中红色线条所示。我们可以看出，由于地平线的位置比视平线略高，整个画面应为略微俯视的拍摄角度，但由于场景中摄影机的镜头焦段近似人眼视野，透视扭曲较小，并且地平线距视平线不算太远。为了能更直观的表现画面的纵深空间，在这里使用了近似一点透视的绘制方式，另外，画面中建筑群落较为密集，基本只能看到建筑的顶部，向下汇聚的透视感又很小，所以，垂直方向的透视可以不用考虑

确定了地平线后，我们就可以在地平线上寻找合适的消失点，如图 4-19 所示。将消失点定在地平线中间偏左的位置。需要注意的是，消失点的位置不能太偏离视觉中心，否则一点透视就不再适用。有了消失点后，我们就可以绘制出透视参考线，为接下来的绘制

做好准备。

透视参考线的建立是很重要的，我们可以使用Photoshop中的直线工具来轻松画出透视线。在这张绘景画面中，主要就是绘制好中景的建筑群落，依照我们设定的参考线来把握建筑的透视。我们可以使用Photoshop中的变形、扭曲工具来修正素材的透视。

图 4-20　依照透视绘制中景建筑

画面中远景的处理也起到很重要的作用。由于远景距离我们较远，受到空气透视的影响较大，使得远处细节减少，饱和度较低，明暗对比不强，基本呈现一种偏灰蓝的色块。如图 4-21 所示，远景处添加了整个上海滩的外景，延伸了画面的纵深空间，并且突出了故事发生的地点。最后完成图如图 4-22 所示。

图 4-21　添加远景元素

图 4-22　完成效果图

接下来我们再看一个例子。如图 4-23 所示，画面的场景为略微仰视的拍摄角度，我们可以用三点透视来完成背景的绘制。和上一个场景不同的是，这次我们有了具体的、带有一定透视的物体作为参照。在画面中，右侧的建筑可以辅助我们找准地平线的位置，我们可以依照该建筑的透视关系来建立三点透视的参考线。

图 4-23　原始素材

通过对画面已有建筑体的透视分析，我们找到了消失点 A，而与其相对的另一个在地平线上的消失点，以及天点都在画面外相对较远，为节省篇幅，只留下其相应的参考线。如图 4-24 所示，

地平线　　　　　　　　消失点 A

图 4-24　透视分析

通过该建筑的透视参考线，我们可以建立起在空间中与该建筑平行的另一栋建筑，让它与右侧建筑共用消失点 A，增加画面中的纵深及形式感，如图 4-25 所示。

地平线　　　　　　　　　　消失点 A

图 4-25　合成左侧建筑

对于远景的处理，我们将其设定为一条向左弯曲的道路，对于这种水平方向的改变，远处建筑物也要进行相应的旋转，而这时远处建筑就不再适合当前的透视参考线了。

如图 4-26 所示的示意图，左侧为立方体的顶视图，右侧为立方体的透视图。我们可以看到，立方体 A 和立方体 B 的水平方向不一致，但不管角度怎么变，其消失点都会位于地平线上。不过有一点需要注意的是，左右消失点在移动的过程中要保持相同的距离，也就是要保证我们的视觉范围不变，否则立方体就会产生错误的透视变形。

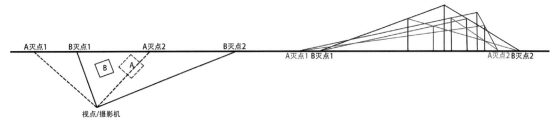

图 4-26　透视原理下所呈现出来的灭点对应图

如图 4-27 所示，我们在地平线上找到了消失点 B，而与其相对的另一个消失点我们并不需要，因为在这张画面中，前景的建筑会遮挡住远景建筑的另一个侧面，所以我们只需要左侧的消失点就可以了。依照消失点 B 的参考线，我们就可以很容易的建立起向左水平旋转的另一栋建筑。其后的建筑绘制也是按照这种方式进行的，而对于街道左侧的景物，由于透视关系，我们看不到其后方，所以不需要考虑。

消失点 B   消失点 A

图 4-27 合成远处建筑

最后把街面、天空、电线杆等画面元素补齐，调整好空气透视的影响，完成后如图 28 所示。

图 4-28 最终画面效果

4.5 透视应用案例——概念战车的设计

对于绘制工业造型来说，形体透视起到了至关重要的作用，本节将以一个概念战车的设计为例，来介绍与透视有关的一些画法。

在开始之前，我们首先要对概念战车的造型进行草图勾画，可以说草图是所有设计流程中的重要环节，我们的主要设计构思都可以通过草图表达出来。

如图 4-29 所示，是在 Photoshop 中绘制的一些概念战车草图，在这里使用的是剪影造型方式。剪影草图可以让我们从一开始就关注设计的整体，同时，不同的图形排列或组合可以给我们的创作提供无限的可能，让思维更开阔。

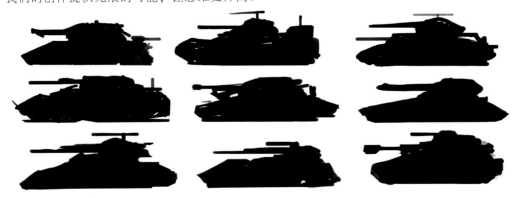

图 4-29　草图阶段的战车造型设计

我们可以从众多的草图中选择较为满意的一个或几个，对其基本结构进行进一步的明确，如图 4-30 所示。

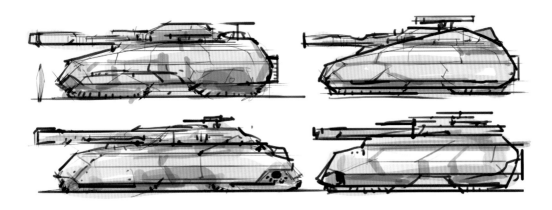

图 4-30　进一步明确结构和造型

类似本例这种正交视图的草图是比较容易控制的，一般来讲在表达造型概念时多用正交视图，这样就省去了对透视的考虑，而更关注造型本身。接下来我们就在透视图中将构思好的概念表达出来。

在绘制透视图之前，我们需要在画面中建立起栅格空间。一般来讲，两点透视对于工业造型设计来讲比较容易，因为两点透视中，不需要考虑垂直方向上的汇聚。在这里我们绘制一个俯视的角度，需要注意的是，俯视角度下，地平线的位置位于视平线的上方，另外，画面的视角范围要适当，避免出现过

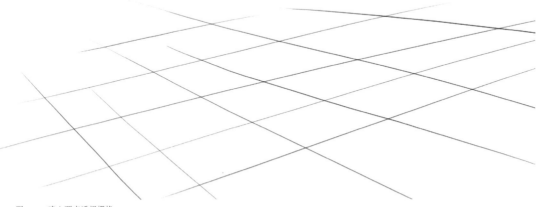

图 4-31 建立两点透视栅格

大的透视扭曲。如图 4-31 所示，在画布中建立起两点透视的栅格，为接下来的绘制做准备。

概念战车的造型基本为左右对称，所以我们首先在画面中确立对称的中轴线，在中轴线所在的垂直方向的平面中，绘制出概念战车的侧视图，方便我们对战车整体造型的把控。如图 4-32 所示，箭头所指的透视线为战车的左右对称线。

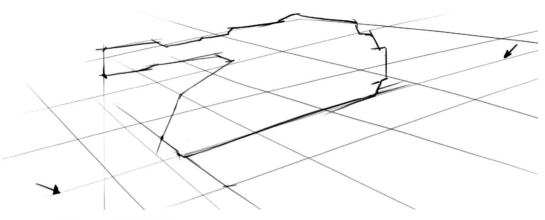

图 4-32 在透视图中建立概念战车的侧视图

我们可以将战车的结构分为两大部分，即战车的主武器以及底部的相关结构。根据透视线的方向，绘制出概念战车底部的整体体积,图中淡蓝色标注的部分为概念战车的武器侧视图，我们先对底部进行处理，再对武器的体积进行塑造。

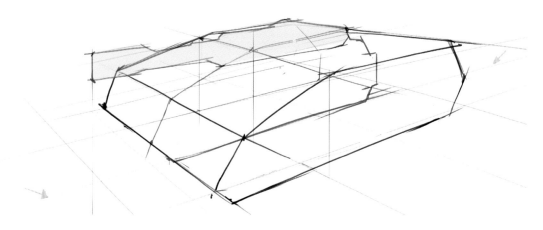

图 4-33　建立两点透视栅格

所有复杂的形体都可以概括成基本的几何体结构，在整体的基础上在切分、组合成复杂的形体。如图 4-34 所示，我们在底部体积的基础上，切分出更为复杂的形体结构。

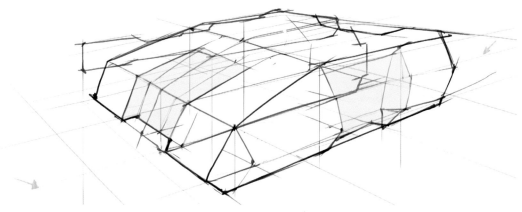

图 4-34　建立两点透视栅格

接下来我们将主武器的体积塑造出来。主武器的造型也是对称的，它的整体造型可以用几个长方形来概括，然后再切分出复合型体。需要注意的是，画面的辅助线有时会很多，我们要找准对称轴的位置，避免使对称物体画错。在 Photoshop 中，我们也可以新建一个图层，将之前的图层半透明化，然后再进行绘制会更加方便。

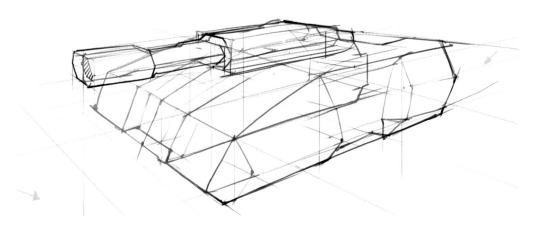

图 4-35 将主武器的大体积塑造出来

　　概念战车的基本形体已经完成，我们接下来就可以在大形体的基础上刻画更多的细节，为其添加更多的机械元素和结构。

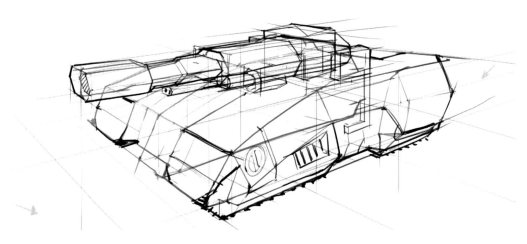

图 4-36 添加更多的机械元素和结构

　　将线稿透明度降低一些，在这个基础上新建一个图层，重新对线稿进行整理。将形体的结构穿插以及形状刻画的完整一些，同时还要注意用线的粗细。

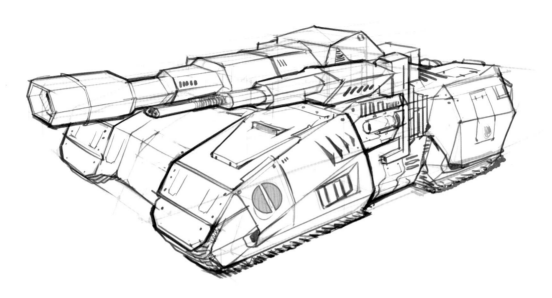

图 4-37　对线稿进行整理并添加更多细节

　　我们还可以给线稿添加简单的明暗关系，以此对形体结构进行进一步的强调说明。如图 4-38 所示。

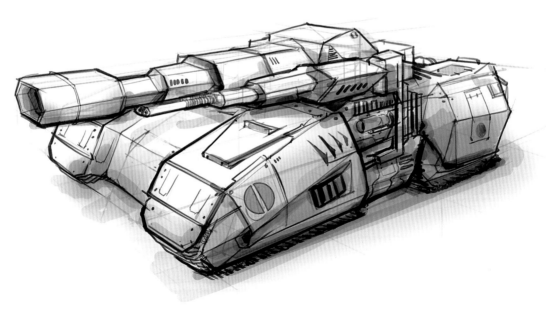

图 4-38　为线稿添加简单的明暗关系

在本例的最后，是通过三维软件建模后的概念战车模型效果。如图 4-39 和图 4-40 所示。

图 4-39　通过三维软件对战车进行模型制作

图 4-40　概念战车场景气氛图

本章作业

1.掌握线性透视的基本原理，设计一架概念飞行器，要求带有透视线的分析图。

2.绘制一幅科幻工厂内景图，要求：透视准确，构图合理、光影结构明确，视角为俯视或仰视。

第五章 镜头画面设计基础

对于学习影视数字绘画这门课程来说，学习镜头画面设计具有重要的地位和作用，它是我们了解电影、读懂电影、掌握电影叙事方法与创作手法的基础。不过，关于电影镜头设计的内容有很多，并不是一个章节就可以全面介绍的，它涉及到电影的剪接、场面调度、声音等等与电影有关的视觉和听觉要素。

由于篇幅的限制，本书不会一一的全面讨论，本章重点在于了解基本的镜头拍摄手法及构图规律，掌握必要的电影视觉语言，为电影的画面设计打下良好的基础。

5.1 视觉叙事的重要性

电影的视觉画面是由不同的镜头构成，在实际拍摄前，我们要为每一个场景中的镜头进行充分的设计。不同的镜头画面设计会给观众带来不一样的视觉和心理感受，但不管怎样，设计的前提依然是遵从对叙事的把握，不能脱离故事本身。

当一部电影的剧本得以确定后，我们可以从剧本中了解到不同场景所发生的事件、时间以及特定的情感，并能从整体上把握故事的脉络、体会故事的情节起伏。但这种文字性的描述给我们留下的更多的是头脑中的抽象理解，这种感受虽然会有很大的想象空间，但它与我们实际的电影画面还存在着一定的距离，因为电影画面是要把抽象的文学剧本进行高度的精炼与

> **电影视觉造型**
>
> 电影作为一门讲故事的艺术，是时代与技术进步的产物，而电影造型也在这一过程中相伴发展。电影的造型手段分为视觉和听觉两种，但通常情况下更指代电影的视觉造型。
>
> 一部电影的完成离不开电影美术人员对视觉造型的精雕细琢，它是由导演和电影美术师共同确立。导演对影片进行基本的艺术创作指导，美术师的任务就是把导演的抽象构思形象化地呈现出来，并尽可能的满足整个影片的创作意图。
>
> 可以说，电影美术的创作对影片的视觉造型与叙事起到了至关重要的作用。

图 5-1　为动画短片《歪鼻子》设计的场景概念图

帧（Frame）

在放映电影的过程中，画面被一幅一幅地放映在银幕上。对于胶片电影来说，格就是一张胶片，而对于数字影像来讲，我们更多的讲帧，帧就是影像中最小单位的单幅影像画面。电影放映的标准是每秒放映 24 帧，由于人的"视觉暂留"生理现象，我们就能感受到连续的运动画面。

浓缩，转化为实实在在的视觉画面，并从视觉与听觉的角度让观众对故事的把握变得更加立体。

一般来讲，影片中的每个视觉画面的内容都是有意义的，每个视觉元素都与影片有着直接或间接的联系，画面中任何细节的位置、大小、清晰程度等都会影响观众对影片的理解。如果画面内容太过密集、细节太多，并且这些细节对于叙事没有任何关系，就会使得本该突出的核心内容被忽视，造成画面讲不清楚故事，影响观众对影片创作意图的理解和把握。所以，当我们在进行镜头画面设计时，首先要确定画面中的最基本内容，也就是我们的视觉主体是什么，分清楚哪些视觉元素可以进入画面，而哪些是要舍弃的，除此之外，我们还要思考视觉元素之间怎么进行合理的分配与安排，以致更好的传达主题思想与创作意图。

电影《美国丽人》简介

电影《美国丽人》（*American Beauty*）是由山姆·曼德斯（Sam Mendes）执导的，由凯文·史派西（Kevin Spacey）、安妮特·贝宁（Annette Bening）、索拉·伯奇（Thora Birch）等主演的美国电影，该片获得包括最佳男主角和最佳导演等多项奥斯卡奖。

它以一个典型的美国中产阶级家庭为例，展示了隐藏在美国社会表象下的种种顽疾。在疯狂的物质追求追求背后，却是精神的空虚无助。

图 5-2　电影《美国丽人》中的经典镜头

电影《美国丽人》是一部引人深思的经典影片。影片围绕主人公莱斯特寻找生活意义的心灵历程为主线，向我们揭示了他在自我救赎中所领悟的生活真谛。如图 5-2 所示，是其中一个主人公幻想时的主观镜头。在该镜头中，天花板上的妩媚身姿与大面积的玫瑰花瓣相结合，带来了惊艳的视觉效果。视觉主体位于画面中央，通过这种均衡稳定的画面构图，以及四周墙壁的透视引导，使得画面主体更容易被观众聚焦。画面使用远景别展现了视觉主体与主人公及周围环境的关系。主人公的垂直仰望视角，形成了一上一下的对比，体现了主人公的幻想与现实之间存在着差距，以及主人公对幻想角色的痴迷和向往。画面中的玫瑰花瓣是另一个重要的视觉元素，主人公的幻想永远在铺天盖地的玫瑰花瓣中展开，飘舞着的花瓣成了主人公的幻想符号，喻示了他的生命中是如何的缺少美。

什么是电影镜头

从不同角度来讲，镜头的含义是不同的。

从摄影机的角度而言，镜头是从光学成像角度对摄影机部件的称呼，即由透镜系统组合而成的光学部件。

从制作和拍摄的角度而言，一个镜头是指摄影机从开机到拍摄完成之间不间断的一段影像，但拍摄的影像素材还会经过剪辑得到浓缩与再创作。所以，在一部完成的影片当中，一个影像片段，哪怕是连续运动的画面，只要不切换画面，就算是一个镜头。

电影画面中的镜头是构成电影视觉语言的基本单位，其拍摄手法与叙事特点才是我们研究的重点所在。

镜头画面的设计没有固定的模板可以生搬硬套，和所有艺术创作门类一样，每个影片都有其独特的创作理念与构思。我们要从影片整体的角度去考虑镜头的设计，从视觉上强调故事的重要情节以及影片的主题思想，不能盲目照搬。

5.2 镜头焦距对画面的影响

在拍摄电影时，摄像机镜头代替了人的眼睛。在取景范围上受到了摄影机镜头角度的限制，并且，用摄影机拍摄的画面还能够产生人眼所达不到的视觉感受。所以，研究电影摄影机镜头的种类及其特性，对于搞好电影美术工作，做好电影画面有重要的意义。

我们可以依照摄影机镜头焦距的长短来划分镜头类别。所谓焦距，就是由镜头的光学中心到胶片平面的距离，它是摄影机镜头的重要性能指标之一，其长度大小以毫米为单位。焦距的英文叫 Focal Length，所以很多时候我们用"F"或"f"来表示焦距。焦距对我们镜头的影响很大，它与摄影造型有着密切的关系，因为焦距的长短影响了画面的视角宽度以及纵深方向上的空间透视变化。

工程光学里面将焦距等于底片对角线长度的镜头称为标准镜头。对于 35mm 底片摄影机来说，它的对角线长度大概是43mm，所以焦段在 40～55mm 的镜头都可以被叫做标准镜头，它的透视效果接近人眼，其中 50mm 镜头是使用较多的标准镜头。比标准镜头的焦距短的镜头被称为广角镜头，比标准镜头焦距长的镜头被称为长焦镜头，如图 5-3 所示。随着技术的发展，镜头也逐渐有了定焦镜头与变焦镜头之分，但不管怎样，镜头在不同焦段下所产生的画面效果才是我们学习的重点。

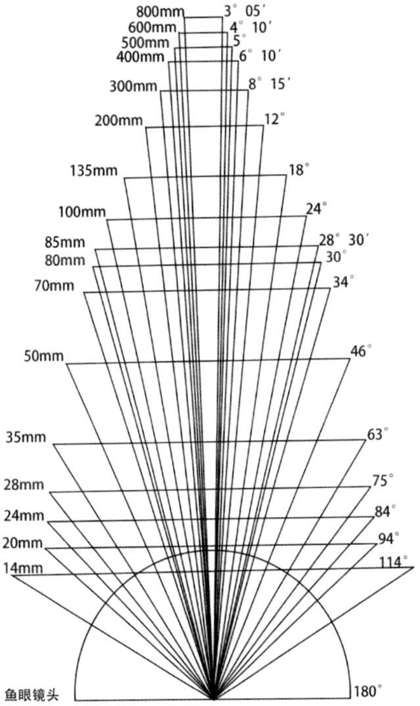

图 5-3　焦距与视角的关系图

5.2.1 标准镜头

标准镜头下的空间透视类似于人眼所看到的视觉感受，但并不是说标准镜头的视角与人眼相当，这点有很多同学容易混淆。它的视野范围要小于人眼，其视角一般为 45°～50°。标准镜头拍摄的画面不会产生像广角镜头的拉伸，也不会产生长焦镜头的压缩感，给人以纪实性的感受，具有自然亲近的视觉效果，所以它比较适合拍摄近距离人像，尤其是特写镜头。

如图 5-4 所示，我们使用三维软件来模拟的 35mm 摄影机的标准镜头效果，镜头焦距为 50mm。整个画面的空间透视比较符合我们人眼的视觉感受。

鱼眼镜头

鱼眼镜头的焦距为 16mm 或更短，其视角接近或等于 180°，有些甚至达到了230°，它属于超广角镜头中的一种特殊镜头，这种镜头的前镜片直径很短，并且向前凸出，与鱼的眼睛相似，故叫鱼眼镜头。

由于鱼眼镜头的视角非常极端，超出人眼所能看到的范围，使得画面边缘的直线呈现弯曲效果，只有画面中心部分的直线能够保持相对的直线状态。

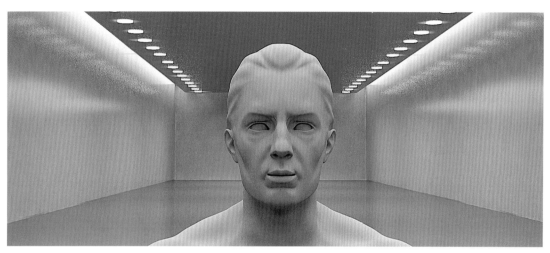

图 5-4　使用三维软件模拟 35mm 摄影机的标准镜头拍摄效果，镜头焦距为 50mm。

5.2.2 广角镜头

广角镜头下的视野范围很广，这导致画面的空间透视变的大而扭曲。呈现出明显得近大远小得透视效果，产生很强的视觉冲击力，所以一般不用它来拍摄近距离的人像，特别是特写，否则会产生人物变形。

广角镜头的景深比较大，可以获得最大范围的清晰影像，并且广角焦段下，光孔大，适合低照度的环境拍摄，也比较适于手持拍摄，画面抖动小。另外，广角镜头的画面在纵深方向的运动速度会变得很快，而横向上会变得很慢，这一点也需要

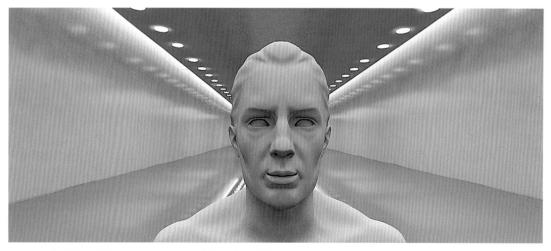

图 5-5　使用三维软件模拟 35mm 摄影机的广角镜头拍摄效果，镜头焦距为 18mm。

同学们注意。

如图 5-5 所示，用三维软件模拟的 35mm 摄影机的 18mm 广角镜头的画面效果，整个空间的纵深感被明显拉大。

5.2.3 长焦镜头

长焦镜头的视野范围要比标准镜头窄，其拍摄的画面空间具有一定的压缩感，所以环境中背景与前景的物体显得很近，整个空间会显得很平，与此同时，拍摄主体的体积感也会被削弱。在长焦镜头拍摄的画面中，纵深方向的运动速度会变缓，可以用来拍摄特殊效果，比如公路上的热浪，但画面中横向速度会加快。长焦镜头的画面景深小，前后景可以具备较大的虚实变化，在电影画面中可以用来产生焦点的调度变化。不过需要注意的是，长焦镜头的画面焦点容易虚，画面容易抖。

如图 5-6 所示，是用三维软件模拟的 35mm 摄影机 135mm 焦段的镜头画面效果。画面中整个空间的纵深感被压缩，景物变的平面化了，并且角色的体积感也被弱化。

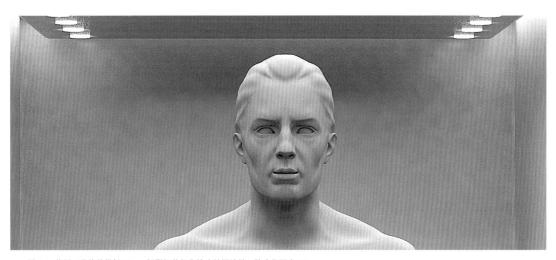

图 5-6　使用三维软件模拟 35mm 摄影机的长焦镜头拍摄效果，镜头焦距为 135mm。

5.3 镜头景别的划分与作用

5.3.1 景别的划分

电影是对人的视听感受的模拟与再现，当我们用镜头代替人眼时，就不得不用不同的景别来描述我们眼前的画面，传达

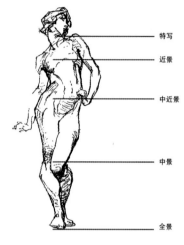

特写
近景
中近景
中景
全景

图 5-7 景别划分示意图

我们丰富的情感。

相对于人眼来说，摄影机镜头拍摄的画面是带有边框的，其画面是在一个矩形的范围内的，这种范围限制造成了物体的不同区域或不同角度的形态被呈现在画面当中。这就从创作的角度上产生了画面景别的问题。景别的应用可以让创作者对电影画面进行组织和规范，以此来制约观众的视线，告诉观众看什么、怎么看、看到什么程度等，从而更加灵活多变的为电影的视觉叙事服务。

需要注意的是，景别的划分是依据被摄主体而言的，也就是被摄主体或画面中的形象在屏幕区域内所呈现的大小和范围。景别的划分没有严格的界限，一般情况下的划分方法都是按照普通成年人的身高来划分的，按照其在画面中的范围与比例，基本上可分为特写、近景、中近景、中景、全景、大全景、远景和大远景。

5.3.2 景别在影片中的作用

镜头景别在电影画面中起到了叙事与表现的重要作用，不同景别的综合运用使得故事的情节、环境、人物以及细节都能清楚的得以展现，另外，景别的合理运用还能营造特定的气氛，突出强调特殊的情感与心理反应。

5.3.2.1 特写

在早期的无声电影画面中，很多镜头的景别都是类似观看戏剧舞台的效果，而随着电影语言以及剪辑手法的不断发展，特写镜头逐渐成为了一种特殊的电影元素被广泛使用，从而使得电影的表演和拍摄形式更加自然。可以说，它是电影艺术区别于戏剧艺术的主要标志之一。

从实际应用角度来讲，特写还可以分为大特写甚至极度特写，不同景别差异的特写镜头，在划分和使用上都比较灵活，其相应的作用与使用的方式，都是围绕影片的叙事和创作意图进行。但从整体上说，特写最主要的作用，就是能使画面中的内容被强调和夸张，给观众造成强烈的视觉印象，多用来表现物体的细部或人物的细微表情变化，它能通过细节来刻画人物形象、表现复杂的人物情感关系、展现丰富的人物内心活动，从而强有力的传达影片的创作意图。正如匈牙利电影理论家、编剧巴拉兹所说，"我们能从电影孤立的特写里，通过面部肌

屏幕宽高比

屏幕宽高比是影响影片构图的重要因素。简而言之，屏幕宽高比是画面的水平宽度与垂直高度的比例关系。

电影画幅比从诞生之初起就不断演化。早期的 35mm 无声电影中常使用的 1.33:1（4:3）的比例以及学院标准 1.375:1。后为了区别于电视机的画幅比例，在 20 世纪 50 年代用了更宽的屏幕宽高比，比如全景电影（2.66:1）和维士宽银幕（达到 2:1）。最后，电影聚焦到两个主要标准：一个是正常的 1.85:1 宽银幕，一个是变形 2.39:1 宽银幕。

肉的细微活动，看到即使是目光最敏锐的谈话对方也难以洞察的心灵最深处的东西。"

不过需要注意的是，特写的作用虽然很大，但不能滥用。如果一部电影的特写镜头过多，观众的注意力就会被过度分散，这将导致本该需要强调的地方反而被弱化，从而影响影片的叙事流畅性，所以什么时候要用特写镜头是要依照电影的节奏和叙事而定的。

图 5-8　电影《泰坦尼克号》（Titanic，1997）中的特写镜头，通过女主角的面部特写，传达出她为了承诺、为了爱而活下去的坚定决心。

5.3.2.2 近景

近景镜头包括了角色的胸部以上的肩膀以及面部，还能看到角色周围的部分背景，所以它可以表现角色的神态、表情、手势动作等。一般来讲，一些重要的对话，以及人物角色对于事件或环境所做的反应，都是用近景镜头来表现的，

图 5-9　电影《泰坦尼克号》（Titanic，1997）中的近景镜头，画面中的背景是深夜中的空旷大海，寒冷而又孤寂，而女主角身后的暖光却象征着温暖与希望，女主角正好就在这生与死的抉择之中，画面通过女主角面部表情的细致刻画，突出了女主人公复杂的心理变化。

并且很多时候，我们用浅景深来模糊背景，让主题在画面的构图中凸显出来。由于近景镜头距离角色相对较近，演员的面部表情会成为视觉的主要焦点。

需要注意的是，如图角色有一定的手部动作，需要注意其动作不能影响到人物脸部的表情。人物的运动范围也不易过大，以免影响观众在视觉焦点。另外，在近景镜头的画面中，地平线的位置经常处于画面之外，所以可以根据角色的动作姿势进行拍摄角度的调整和发挥。

5.3.2.3 中近景

中近景镜头通常都在人物的腰部以上，中近景比近景要宽松一些，所以可以拍摄一个人或多个人，同时还能包括部分周围的环境。所以人物与环境之间的关系以及角色的位置安排就显得尤为重要。好的中近景会让人物与环境联系起来，从而让

画面主体与陪体

对于主体的理解，简单来说就是拍摄者所关注的主要对象。它是镜头画面中的主要组成部分，其内容能够体现画面的主题思想以及创作者的艺术构思。在画面中，主体作为视觉中心，其他视觉元素的处理都会围绕主体进行。画面主体可以是一个人、也可以是一群人或其他物体，当画面中有多个主体需要表现时，要按照主次关系合理的分配好其在画面中的位置。

画面中的陪体起到突出主体的作用，它可以帮助主体说明主题内容的成分，它还可以平衡和美化画面，并且可以很好的渲染画面气氛，使画面生动、丰富、具有形式美感。

图 5-10 电影《泰坦尼克号》（*Titanic*，1997）中的中近景镜头，中近景镜头包括了角色腰部以上的部分，放松的姿势以及亲密的距离，很好的表现了角色之间情感的进一步升温。与此同时，人物与背景的关系也能得到很好的交代。

图 5-11 电影《泰坦尼克号》（*Titanic*，1997）中的中景镜头，画面中人物之间的亲密动作以及面部主角悠然的神情，都得到了全面的刻画。

图 5-12 电影《泰坦尼克号》（*Titanic*，1997）中的全景镜头，画面中人物的动作、周围的环境以及人物在空间中的位置关系等，都得到了很好的交代。

画面传达更多关于角色的信息。

5.3.2.4 中景

中景镜头的景别通常在人物膝盖以上，景别相对较大，画面内的视觉信息相对较多，所以镜头时长要比小景别镜头长。这一景别更加注重人物上半身的肢体语言，同时还能兼顾到人物的面部表情以及周围的局部环境。这种景别的画面能够给角色一定的活动空间。可以使用中景来表现多个人物，展现人物之间的动作、交流和反应，根据角色之间不同的构图形式，营造出戏剧性的人物关系。可以说，它是电影中表演场面和叙事场面经常使用的镜头景别。

5.3.2.5 全景

在全景镜头中，角色在画面中的比例关系大约与画幅高度相等，它能够比较全面的展现人物角色的整体造型，由于景别较大，人物周围的环境和道具也能得到比较全面的呈现，所以全景镜头多用来介绍被摄主体与环境的关系，展示一定空间内角色的动作姿态，以及描述环境和事物发展的整体面貌，所以它更多的是一种介绍性和描述性的景别。

全景在电影的叙事段落中能够让观众清楚的了解事件发展的空间环境，如果缺少全景镜头，人物及周围环境的关系就不能得到很好的交代。不过，有些时候这反而成为创作者制造神秘与悬念的一种方式，所以在使用上要依照影片的叙事和节奏而定。

需要注意的是，由于全景镜头景别较大，画面中演员的位置安排、空间景物各元素的相互关系就需要得到合理的安排和设计，要保证画面的视觉焦点不被太多元素干扰。另外，全景镜头一般是一个场面的总角度，所以在设计镜头时，要处理好全景与其他景别的衔接，保证光线、影调、角色运动及空间位置关系的正确。

5.3.2.6 大全景

在大全景中，人物所占的画面比例约为画幅高度的四分之三。大全景其实与全景的功能类似，只不过在这种景别中，人物的活动空间会变大，周围环境的呈现也会变多。一般用这种景别交代场景段落的开始或结束，也就是从大的范围内建立起空间关系。不过需要注意的是，虽然大全景画面中环境所占的比重会变大，但角色的刻画还是占主要作用的，场景的设计还是要考虑到如何与人物相关联。

5.3.2.7 远景

远景的画面中，人物基本约在画幅高度的一半以内，环境较为开阔，所以它能够充分的展现人物角色的活动空间，够容纳多个视觉元素，展示人与人、人群与环境之间的关系，表达场景的特殊氛围与意境。

5.3.2.8 大远景

大远景与远景的作用类似，只不过这种景别下，环境会更为开阔，人物会更小。由于环境成为了画面的主要部分，所以通过大场面的刻画，能够为影片定下大的基调和空间延伸感。通常影片的开头用这种镜头交代大的时空背景，

镜头角度

从摄影高度上讲，可以把镜头角度分为平拍、仰拍和俯拍。

平拍角度下，摄影机机位基本处于人眼的高度。它是一种生活化的叙事角度，相当于常人视点，让观众感觉不到摄影机的存在，如同置身电影情节一样。但平拍角度不适合左右观众的注意力，其表现力较弱。

仰拍角度下，摄影机放在低于被摄物体的位置。这种低角度的仰拍手法多用来表现敬仰、赞颂、崇高、庄严、胜利等含义，从负面意义上讲，又能暗示主体的权势、威胁、恐吓等意义。

俯拍角度与仰拍角度相反，可以很好的展现空间关系，比如大场面的塑造。俯拍角度还可以表现压抑感、低沉、忧郁等情绪，比如塑造一个人地位的卑微。不过俯拍角度多缺少前景，运用不当还会造成画面变平。

图 5-13　电影《泰坦尼克号》（*Titanic*，1997）中的大全景镜头，画面中的前景是一些具有高贵社会地位的上层人士，他们高高在上，行走的路线也是往上走，这与画面背景中的普通人群形成了鲜明的对比，为影片的角色塑造起到了重要的铺垫作用。

图 5-14　电影《泰坦尼克号》（*Titanic*，1997）中的远景镜头，画面中的空间环境占有大部分面积，整个空间层次分明，人物的活动空间、动作、位置等得到了很好的交代。

图 5-15　电影《泰坦尼克号》（Titanic，1997）中的大远景镜头，烈日夕阳下，绚丽的游轮灯火彰显着泰坦尼克号的繁华与安逸，整个镜头如诗如画，它为整个影片的空间延伸以及情感渲染起到了重要的作用。

让观众对为接下来较近的镜头有个背景的了解，所以它也被称为建立镜头，如一些科幻、史诗的电影大片中，大远景的运用能够强有力的烘托整体气氛，创造气势恢宏、身临其境的意境。

需要注意的是，随着景别的逐渐增大，画面中涵盖的视觉信息也会变多，观众就需要反复扫视才会更全面的了解，所以景别较大的镜头在银幕上停留的时间会长一些。

5.4 画面构图的一般规律

电影画面的构图是艺术语言与视觉语言的综合运用，通过对画面中不同视觉元素的线条、色彩、位置等进行组织和安排，以达到艺术上的共鸣。构图体现着创作者的审美趣味与艺术构思，好的电影画面构图，不仅能够让观众产生视觉上的享受，更能对影片的视觉叙事起到帮助。

需要注意的是，电影画面是连续的动态画面，我们不能把构图仅仅理解为抽象而孤立的单个图片，它应该是与镜头景别、镜头角度、摄影机运动方式等画面形式的综合运用，并且还要与影片的叙事和所要表达的主题相结合。如果对其含义进行高度的概括，那么构图其实就是在变化中求统一、在统一中求变化，而最终的目的就是突出主题。

5.4.1 构图关键一：寻找并突出视觉中心

通常情况下一幅画的重点在于其主体上，也就是我们所谓的视觉中心。我们的作画过程就是一种寻找主体、突出主体的过程。画面中的视觉元素可以分为主体、陪体和环境三个部分，这三个部分之间的组合关系是画面构图的重点，在设计过程中，我们要对画面中的视觉元素进行分类，依照主次关系进行合理的安排，从而避免出现画面主体混乱的情况。

从视觉心理角度上看，画面的中央位置具有一定的视觉平衡感和凝聚感，如果将视觉主体放置于画面中央，就能起到突出主体的作用。特别是在呈对称式的构图形式中，会给画面增

图 5-16　概念设计师魏明（Allenwei）的场景设计图

添一种和谐的凝聚力，一般多用于史诗性或较为庄严、神圣的场面当中。不过，如果这种构图形式使用不当，会给人一种单调、单板的感觉。

　　除了特殊用法外，大部分的画面设计都会尽量避免将视觉中心位于中央，取而代之的是更多更灵活的突出主体的构图形式。如图 5-17 所示，画面中左下角的角色是主要的视觉中心，其运动方向的安排与周围环境的透视线保持一致，这使得该角色的运动状态被加强。另外，画面的视觉中心不但被安放在透视线的消失点处，而且还处于画面最亮的部分，这种强烈的视觉引导与明暗对比，这使得视觉主体更为突出。

　　视觉主体的位置安排要依据画面内容和情绪而定，不过，不论视觉中心的位置如何安排，都应该尽量放置是在画面中节奏变化最强的地方，而画面的其他部分都服务于这一中心。

5.4.2 构图关键二：黄金分割定律与三分法

　　文艺复兴时期的建筑师、画家以及 19 世纪中期的摄影师，他们的作品中都会大量运用黄金分割的构图形式。

　　黄金分割比率是将一段直线分成长短两段，使小段与大段之比等于大段与全段之比，比值为 1:0.618。我们可以使用该比率来切分画面，使得画面产生四条分割线、九个区域以及四个交点，这四个交点就是画面的主要视觉焦点，如图 5-18 所示。

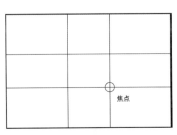

图 5-17

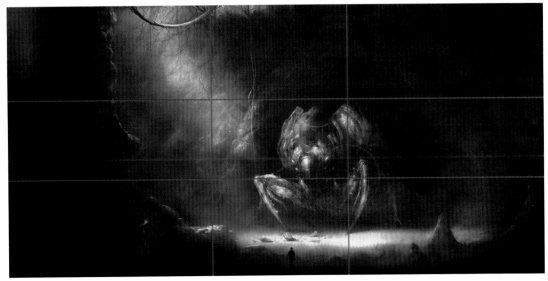

图 5-18　概念设计师魏明（Allenwei）的场景设计图

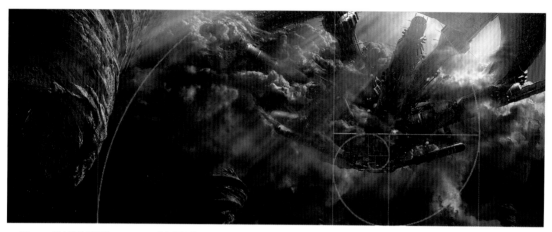

图 5-19 概念设计师魏明（Allenwei）的场景设计图

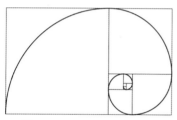

图 5-20

意大利数学家斐波那契根据黄金分割比例又研究出了著名的斐波那契数列，根据斐波那契数列就可以画出黄金螺旋曲线，也称"黄金螺旋"，将视觉元素按照这种形式布局会得到比较和谐的画面构图，如图 5-20 所示。

随后，人们根据黄金分割比例又分出了三分法的构图形式，三分法的构图形式可以说是黄金分割的简化版，其基本目的就是避免位于中央的呆板，同时也防止视觉中心太靠近画面边缘所造成的不均衡。三分法是把画面按水平方向和垂直方向各三等分，这样就形成了左上、左下、右上、右下四个交点，也即视觉焦点。

当然，这种构图的规则不是一成不变的，在创作中还要依照画面内容和叙事而定。另外，尽量不要把两个同等重要的视觉元素直接放在两个焦点上，尤其是位于画面两侧的交点，这会使画面主体不明确，使观察者的视线在两个兴趣中心之间游离不定。

5.4.3 构图关键五：画面中的"线"

画面中的线条，一种是明显出现的线，如形体的轮廓线、透视线、纹理线等，另一种是通过一些视觉元素的组合、排列而构成的线。不管是哪种类型的线条，都是我们在实际画面设计时，需要认真考虑的重要构成要素。

从线条本身来讲，可以分为曲线和直线两种，曲线表现出细腻、平和的感觉，而直线表现出自信、肯定、动感与攻击性的感觉。

图 5-21　概念设计师魏明（Allenwei）的场景设计图

如图 5-21 所示的画面构
图中，视觉元素的排列与组合
形成了一条条弯曲的弧线，它
给人一种平缓、柔和的审美效
果。这种一环扣一环的画面构
图，具有一定的视觉凝聚力，
能够很好的突出画面的主体。

我们可以使用画面中的
线，来引导观众的视线。特别
是利用透视现象所产生的消失

图 5-22 概念设计师魏明（Allenwei）的场景设计图

点，能够强有力的吸引观众的注意力。并且，当环境的透视方
向与主角或物体的动作或运动方向一致时，其动作状态也会被
强化。

另外，画面中的视觉元素，要避免彼此形状相切，以及避
免类似"头上长电线杆"这样的巧合。这不仅破换了构图，而
且会对画面叙事造成影响。

5.4.4 构图关键三：对比与平衡

构图平衡会使得画面更加和谐，我们人眼的视觉心理也都
是趋向于寻找事物的平衡面。如果画面的平衡被打破，我们就
会对画面产生心理上的不认同。我们可以想象到天平秤，当其
左右的重量相当时，就会达到平衡状态。画面的构图也不例外，
如果画面中视觉元素的"重量感"不一致，画面就会出现不和
谐的视觉效果。不过，这种"重量感"的来源并不全是物体的

动感构图

有时为了给画面增加动感效果，可以
将镜头适当倾斜一下，再配合运动模糊，
特别是当你尝试在环境中加入动作描述的
时候，使用这种方式会使得画面效果更加
逼真。

图 5-23 概念设计师魏明（Allenwei）的场景设计图

实际重量因素，在画面中，更多的是通过不同的视觉对比来产生彼此间的平衡。

对比是指视觉造型的某一特征在其程度上的比较，画面中能够产生对比的因素有很多，比如明暗色调有深和浅、形体有方与圆、线条有长有短、色彩有冷有暖。这些不同的视觉信息在画面中都会对画面的平衡造成影响。就像我们在暖调的画面中总想寻找到冷的调子一样，我们需要通过对比来实现彼此的平衡。

画面中的对比还会产生很多视觉感受，比如，画面中的不同视觉元素的大小对比可以使得画面产生纵深感，与此同时，画面也会变得更加生动。对于大小相同的两个视觉元素，我们可以通过其在空间中的远近，形成远小近大的对比，这样可以避免画面呆板，并且保持画面平衡。

再比如，主要角色的观看视线也会影响观众对画面的构图理解，一般来讲，观众会趋向于观察主角的视线方向，所以当画面中角色的目光太靠近画面边缘时，会使得构图不平衡。故一般都会给主要角色的视线方向留有一定的画面空间。

不过，规则并不是一成不变的，有些时候我们也可以根据情节要求，来打破画面的平衡，以此传达某种特殊的情绪。

一些对比因素	
点 / 线	曲 / 直
大 / 小	硬 / 软
高 / 低	长 / 短
轻 / 重	黑 / 白
疏 / 密	亮 / 暗
虚 / 实	动 / 静

图 5-24 在这张场景气氛图中，不同船的大小对比产生了空间与张力

5.5 摄影机的运动方式

5.5.1 固定镜头

固定镜头可以说是最古老的电影拍摄手法，它善于表现静止的对象，产生一种客观冷静的视觉效果。有时候大景别多用固定镜头，交代事件发生的地点和环境。由于固定镜头的视觉范围受到了画面范围的限制，并且画面相对集中，变化少，这就需要我们对画面中的元素进行合理的安排，以免产生呆板或舞台感。虽然摄影机是固定拍摄，但画面中的人物角色是可以移动或入画出画的，所以有时镜头内部的调整也会给画面构图带来新的可能。

在希区柯克指导的著名影片《惊魂记》（*Pshcho*）中，浴室杀人段落可谓经典，该场景是由构图完整的固定镜头组接而成的，共历时约 48 秒，由 78 个快速切换的镜头组成，是用四台摄影机进行固定拍摄。虽然画面中没有一个血腥的画面，但固定镜头的拍摄方式使得观众的注意力被击中到画面的情节中，镜头之间的切换让观众感受到了凶手的冷酷无情和残忍。

5.5.2 运动镜头

随着电影摄影器材的不断发展，摇臂、斯坦尼康、航拍机等辅助设备的不断问世，使得电影摄影机的运动方式更加自由，再加上数字图形技术的飞速进步，很多难以表现的画面运动效果可以通过 CG 特技手段完成，这无疑给影视创作提供了空前自由的表现力，也为我们进行电影镜头画面设计提供了更多的可能。

运动镜头可分为推、拉、摇、移、跟、升降等几种不同的运动方式，这几种基本的拍摄方式可以单独使用，也可以综合运用。接下来我们就分别对这几种运动形式进行讨论。

5.5.2.1 推镜

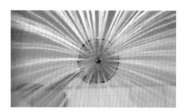

图 5-25　影片《惊魂记》片段

摄影机依靠轨道或镜头焦距，使得画面内容被逐渐放大的过程就是推镜。这两种方式运动视觉效果是不一样的，对于改变焦距的推镜方式，其镜头焦距会逐渐变长，画面的是视觉范围逐渐变小，空间透视效果越来越弱，产生一种空间被压缩的视觉效果。

推镜所具有的空间连续性有利于表现整体和局部间的关系，从而有利于对角色或事件进行强调，这种画面的连续性可以产生一种情绪上的递进，而对于固定镜头的从大景别直接切到特写来说，就缺少了这种情绪的积累。

推镜头可以用于强调出画面中重要的戏剧元素，使得观众的注意力聚焦到某个具体的人物或某些细部，通过这种场面调度来引发事件、烘托气氛、积累情绪。比如当镜头推进至角色时，可以表达人物角色的心理活动与内心情感变化，如果作为主观镜头出现，还可以模拟接近或揭示的意味。另外，推镜的速度快慢还会影响到影片的节奏变化，如推镜的速度快，影片的节奏也会变快，表现出一种比较急促、紧张的情景。

如图5-26所示，是电影《肖申克的救赎》中主角被审判有罪时的片段，摄影机采用了推镜的运动方式，主角的景别逐渐由中近景推到近景，人物面部的表情变化被明确的呈现出来，表达了其震惊与绝望的复杂心理。

图 5-26 影片《肖申克的救赎》片段

5.5.2.2 拉镜

摄影机沿视轴做后退运动，也可使用变焦距的方式产生拉镜效果，这两种方式的运动视觉效果是不一样的，对于改变焦距的拉镜方式，其镜头焦距会逐渐变短，画面的是视觉范围逐渐变大，空间透视效果越来越强烈，导致景物间的空间距离感加大。

从局部到整体，从微观到宏观，这种空间的连续性有利于表现画面中局部与整体的关系。拉镜头会使画外空间涌入画内，不断的有新的视觉元素进入画面，这样可以调动观众的情绪或视觉注意力。我们可以利用这点，将拉镜头用在结论性镜头中，可以产生一种意外之感，从悬念的产生于揭晓，让观众了解到人物的真实环境，从而增加戏剧性。

因为拉镜头可用作主观镜头，模拟离开，所以它还可以用在结束性的镜头当中，暗示段落故事的结束。

如图5-27所示，是电影《肖申克的救赎》中的拉镜头。镜头由近景的人物逐渐拉到被黑洞所框住的人物，显示出洞的深度，体现了主角行动的震撼影响和典狱长的渺小。被黑洞框住的构图也象征着典狱长的体制内和愚蠢，以及主角的聪慧。

图 5-27 影片《肖申克的救赎》片段

5.5.2.3 摇镜

摇镜是指摄影机机位不动，变动镜头轴线，进行水平、垂直、倾斜等不同方向的移动，这与一个人站着不动，视线环顾四周或将视线从一点移向另一点的道理相同。如果摇镜运动的范围较大、速度过快，就是我们常说的甩镜头，它一般作为镜头间的转场。

在摄影机摇镜的过程中，画面的构图会发生不断地变化，它可以连续的展现空间与被摄物的状态，交代场面与人物的空间位置关系，有助于通过小景别来表现丰富的内容，增加画面的信息量。

摇镜还能起到很好的镜头衔接与过渡的作用，调节影片的叙事节奏与气氛。这种空间的连续性与完整性可以把不同的视觉主体联系起来，表达主体之间的隐喻、对比、并列或因果关系。另外，摇镜头也可具备一定的主观色彩，用于表现人物角色的视线变化。

如图 5-28 所示，是电影《肖申克的救赎》中的片段，摄影机采用了跟摇的运动方式，从一个油漆桶的上升过程，跟摇到准备接手的犯人 A，又将油漆桶递给另一个犯人 B，镜头跟摇犯人 B 的运动，摇到监狱警的中近景画面后固定，而此时画面背景是忙绿的干活犯人，整个镜头衔接流畅自然，很好的表现了人物与环境的空间关系。

5.5.2.4 移镜

移镜头是摄影机按照一定的路线发生实际位置移动时的拍摄方式，可以使用辅助设备拍摄，也可以肩扛或手持拍摄。移镜可分为横移、竖移、斜移、弧移等等，在实际使用时都是按照影片的需要灵活应用，并没有特别的分类。

图 5-28 影片《肖申克的救赎》片段

移镜头与摇镜头不同，移镜更注重在移动过程中逐一展现画面中的景物或角色，连续的表现画面中的不同空间层次。而摇镜头的摄影机是固定的，它所表现的空间被局限在一定的范围内，其更注重对整个环境的开阔性表现。

移动镜头常结合长镜头来使用，来表达多个景别与角度所呈现的不同视觉元素，并且由于构图的不断变化，使得画面具有丰富的细节，能够调动观众的情绪。移镜头常出现在段落的开始，交代环境后通过移镜引出主要角色，从而开始叙事。一般移动镜头多使用广角焦段拍摄，特别是在大场面的表现中，

图 5-29 影片《肖申克的救赎》片段

广角镜头不仅能够囊括广阔的视野范围，而且也能得到稳定的视觉画面。另外，移镜头能够增强画面的现场感与观众的参与感，尤其是当跟镜头做主观镜头时尤为明显。

如图 5-29 所示，是电影《肖申克的救赎》中的移镜头。镜头首先以主角所在的白色汽车为视点，然后跟移其运动方向，交代出监狱场所的外部环境，后视点转变，镜头逐渐上移，从空中俯瞰整个监狱内部，从不同角度交代了监狱内犯人群体的活动状态，以及监狱环境的内部结构。

5.5.2.5 跟镜

跟镜可以说是移镜的一种常用手段，它与推镜在理解上容易混淆，这里面包含一层含义，就是被摄体必须移动，我们才能跟，所以跟镜是用来拍摄运动中的主体的，并且运动速度基本与运动主体一致，使被摄体在画面中的景别基本保持在一定的范围内，而推镜所拍摄的并不一定运动的，它更注重从整体到局部的细致刻画，传达情绪的递进。

跟镜有前跟、后跟、侧跟等方式，并没有特别固定的分类。由于跟镜造成的景别几乎不变，画面构图相对稳定，使得观众能够详细的了解被摄体的运动与状态。并且如果作为主观镜头，能让观众仿佛身临其中来跟随被摄体。

如图 5-30 所示，是电影《肖申克的救赎》中的跟移镜头，镜头跟随主角的脚步拍摄，画面中拍摄的重点是一双光亮的皮鞋，皮鞋在影片中是个重要的视觉符号，它与在监狱时的棕色的囚犯鞋子形成鲜明的对比，就像那句台词所说，"阳光洒肩头，

图 5-30 影片《肖申克的救赎》片段

仿佛自由人"，它代表着主人公对自由的渴望、而从此处的跟移镜头能够感受到主人公穿皮鞋走路时的自信，强调出主人公的人生路将就此改变，从此走向坚定、自由的生活。

5.5.2.6 升降镜头

升降镜头是借助一定的辅助设备，使得摄影机上升或下降的拍摄方式。升降镜头多用来表现场景或事件的规模与气氛，也可以在高度上将不同的视觉焦点联系在一起。

升降镜头可以跟其他镜头运动方式相结合运用，合理的适用升降镜头，能够产生多角度、多景别、多视点的画面运动效果，为画面的视觉叙事和场面调度提供更多的可能，给观众留下新颖、独特的感受。

如图 5-31 所示，是电影《肖申克的救赎》中的升镜画面，整个镜头在升起的过程中，人物的姿势和表情得到了细致的刻画，主人公张开双臂，仿佛在拥抱自由，体现出主人公的重获新生的激动心情。

图 5-31 影片《肖申克的救赎》片段

5.6 电影分镜头

电影分镜头也叫电影故事板，是把文学剧本中的相关内容视觉化，形象的落实到分镜头画面中，从而清晰的将故事的叙事通过画面传达出来，简言之就是视觉叙事。古代人类的早期岩洞壁画，教堂宗教绘画以及我国的连环画也都属于视觉叙事的方式。

电影分镜头以镜头画面的形式呈现给整个摄制组，是电影开拍前的最初视觉形象，它为电影各个部门的创作和沟通提供基本参考依据。可以说，分镜头脚本准备的是否充分，是判断影片前期准备是否到位的重要指标，从而反映着影片的质量。一般来讲，每一部电影都会有专业的电影故事版绘制人员，分镜头制作团队会将分镜内容详细的准备好，在电影开拍过程中，导演基本上能够按照每个画面进行场面调度拍摄。有些好莱坞视效大片还会请专门的三维预演团队制作动态预演。

知名电影导演阿尔弗雷德·希区柯克可谓是不折不扣的电影大师，电影分镜头对于希区柯克来说至关重要，在电影拍摄之前，他都会用分镜头规划好电影的拍摄蓝图，做到心中有数。其拍摄的惊悚悬疑片至今都称得上是经典之作，如图 5-32 所示，是他导演的电影《精神病患者》中的经典片段——浴室刺杀的

电影分镜师应当具备的素质

电影分镜师要具备较深厚的综合艺术修养，能够熟练地运用镜头语言把故事讲的生动、流畅。一部电影所要绘制的分镜头数量很大，需要安心踏实的投入其中，保证时间与质量，因此对分镜师的心理素质是一个考验。

分镜头中的箭头

分镜头中箭头的运用是非常多的，一般人物角色的动作描述以及摄影机的运动状态，都需要箭头的辅助才能表达清楚。不过在分镜头中所用的箭头多是带有一定透视的立体箭头。

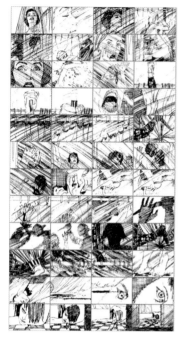

图 5-32 电影《精神病患者》部分分镜头

电影分镜头。

电影分镜头画面是由整套草图组成的，其画面设计要素应包括基本的环境背景、人物角色之间的相互关系、摄影机的运动方式、镜头景别大小、摄影机的拍摄角度、演员的大致走位以及每一个镜头的总体安排等信息。在画面中可以表现出角色之间以及角色与环境的相互关系，让演员对每场戏的表演做到心中有数。不过有些时候，分镜头中的人物并不代表特定的演员，因为演员表也许还尚未确定。分镜头设计师只是粗略地为角色表演进行调度，起到示意性的作用，并用箭头来表示角色在一个镜头中的动作。在画面中还会提前为每一个镜头设置好虚拟的镜头机位，并标示出摄影机的运动轨迹，给电影摄影师提供拍摄前的参考。

电脑美术的发展带动了分镜头的制作效率，使其能够更快速的呈现出导演的创作意图，并且通过数字手段，可以让画面效果更加完整，还可以剪辑成动态分镜头，这样可以提前安排好镜头的时间与组接方式，从而方便地把控影片的整体基调，并对后期剪辑起到指导性的作用。

本章作业

1. 从一部电影中选出自己喜欢的片段，并对该片段中镜头画面的景别、构图、光影等进行分析，写一篇简短的文字说明。

2. 自己编写一个小场景片段，然后完成 20 张以上分镜头画面的绘制。

图 5-33　分镜头示意

第六章 影视角色概念设计

6.1 影视角色造型概述

人物角色可谓是电影艺术创作的重点。一般来讲，一部电影的优劣是由人物角色、故事情节、电影主题等多方面因素决定的。而人物角色自然是观众的兴趣焦点，同时也是影片的叙事核心。所以，对角色的造型设计在很大程度上也影响着影片的主题以及观众的对影片的认同感。

人物角色的视觉信息基本包括人物的形体特征、面部神情、服饰、发型、道具等等元素，观众可以从一个角色的造型上，感受到角色的性格、社会背景、等级地位等。比如美国早期默片时代的经典人物卓别林，其造型特征可谓极其鲜明。它头戴一顶大礼帽，脚蹬一双尖头鞋，鼻子下还留着一撮乌黑的小胡子，宽大的西服裤子、扭动的身体，笨拙滑稽的出现在银幕上。可以说，他塑造的绅士流浪汉形象已成为世界电影史上的经典造型。

图 6-1　卓别林的经典形象

对于传统的影视角色造型来讲，基本都是对演员进行化妆造型与服饰造型为主，但随着数字技术与电影特效的发展，很多计算机生成的角色已经具备了非常写实的程度，甚至已经到了以假乱真的地步，特别是好莱坞科幻大片中，虚拟角色更是被大量的运用。比如在电影《阿凡达》中，CG特效的精良制作，使得潘多拉星球的生物活灵活现的呈现在观众面前，这些现实中不存在的角色造型在很大程度上为影片的感情基调做出了巨大的贡献，而观影后更能在观众心里留下深刻的印象。

随着电影数字特效制作水平的不断发展，影视角色的造型设计更加趋于多元化，这给影视角色的造型设计提出了更高的要求，这也有利于概念设计的发展，使得人物角色设计的可能性更广，最终考验我们的就是对各种方法的综合运用能力，以及设计与创造能力。

图 6-2　概念设计师 Joseph C. Pepe 为电影《阿凡达》设计的人物角色

图 6-3 石头人角色概念设计

图 6-4 石头人角色概念设计

6.2 概念设计的要点

6.2.1 形体的轮廓

　　轮廓有内在轮廓和外在轮廓，每个物体都有各自的轮廓，而整个物体不管细节多少，都有它的外在轮廓。轮廓是我们看待形体的第一印象，也是整体印象，它具有视觉识别的作用。比如从远处看一个人的整个外形，可能是胖的、瘦的、高的、强壮的等等形状，其次我们才会注意脸部的表情或衣服的细节。如果外轮廓的信息不够明确，会影响到我们对事物的理解。

　　很多同学再绘制形体时，只注重其内部的各种细节，而忽略了外在轮廓的重要性，而结果就好比图 6-5 所示的情况，使得整个画面的视觉识别性降低了，视觉冲击力也就没有那么强烈。

　　另外，我们还要尽量避免形体轮廓之间的相切。因为相切会导致我们在视觉上对形体的空间关系理解混乱，空间感被消弱。如图 6-6 所示。

　　轮廓的概念其实也是形状的概念，把轮廓画好、画对，其实就是造型画准确，如果造型花不准，会严重影响到我们的绘画表达。所以造型能力的培养是所有绘画的基础，而素描和速写就是对造型练习最好的方式。

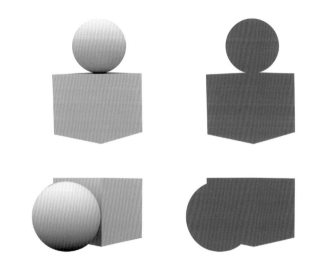

图 6-5　形体轮廓与视觉冲击力

6.2.2 形体的结构意识

　　我们在进行写生或默写创作的过程中，结构与空间可谓是相辅相成，缺一不可的。

　　很多同学提笔创作时，总是追求事物表面的光鲜亮丽，

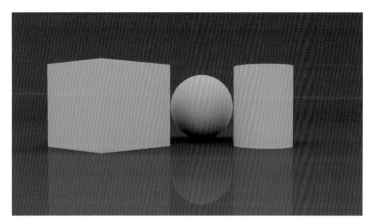

图 6-6　轮廓相切后形体的空间关系被消弱

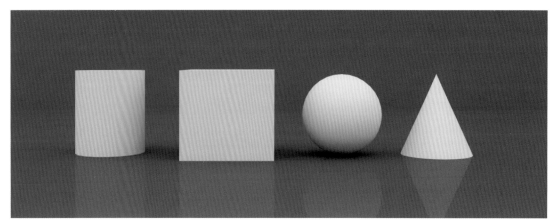

图 6-7　基本几何体

不注重观察与学习事物的本质特征,最后导致画面只有大效果。而对于那些临摹对比能力很强的同学来讲,绘画能力止步不前的重要原因也在于此。真正的学习不能只是临摹这一表象,关键在于思考,而这也是绘画的前提。

对于概念设计来讲,其创作的本质其实就是表达出环境或角色的结构,并将结构按照某种空间关系在画面中描绘出来。所以,具备一定的结构意识与空间意识,是做好概念设计的必经之路,也是需要不断练习与揣摩的重要课题。

我们都知道,世界万物都会有它自身的形体结构,从美术的视角来看,每种结构都可以概括成基本的几何形体。再复杂的形体都是由简单形体组成的,将复杂的事物简单化、概括化是我们需要具备的重要能力。

如图 6-8 所示,我们在一个立方体的基础上,穿插两个圆柱体,一个简单的立方体就变成了一个相对复杂的复合型体,这种转换与组合的方法多种多样,所能形成的造型也是变化多端,使得设计不断具备更多的可能性。、

在这个例子当中,我们就可以说这个复合型体的结构就是圆柱体与立方体的组合。这种形体的穿插、凸凹、平弧、高低等等造型因素,都属于结构意识的范畴,带着几何体的意识去分析所绘制的形体,是我们描绘事物的根本所在。

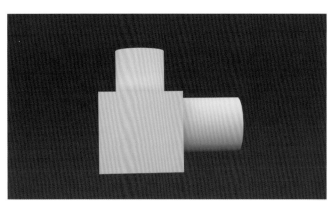

图 6-8　侧面图,在立方体上添加两个圆柱体

6.2.3 形体的空间意识

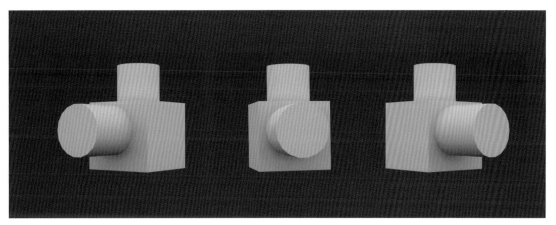

图 6-9　复合体的水平旋转

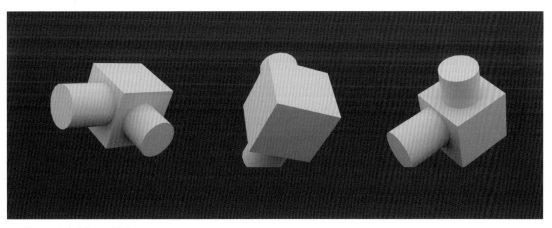

图 6-10　复合体的不规则旋转

　　我们想要绘画创作的事物不能总停留在脑海中，或只是口头描述。要想能够准确的绘画表达出来，除了具备扎实的造型功底外，还要具备一定的空间想象力，也就是要有空间的意识。

　　我们的画面基本都是在模仿摄影机或人眼观看的视角，这种视角是可以随意变化的。画面中的空间表达形式多种多用，从不同的角度看形体，或者形体自身改变方向，都会使造型特征发生改变。每种结构的存在都是对空间形式的一种占有，我们所绘制的结构造型，就是对画面中一种虚拟空间的占有，是对空间物体的模拟。所以当我们在构建任何一个需要描绘的对象时，它在我们脑海里应该是"活"的，而不是固定不变的，它是有"生命"的。要让物体在我们的脑海里面自由旋转，无论从任何角度我们都能把握它的形象，这是很重要的基本功。

在学习绘画的过程中，不断思考与练习，提高对结构和空间的理解，是掌握绘画语言的基础。

6.3 人体结构基础

6.3.1 人体比例

人体是一个有机联合体，在人体比例的绘画中，我们通常都是按照头部长度为基本单位，来研究人体各部分之间的比例关系。需要注意的是，这种比例关系的应用并不是绝对的，每个人都有自己的长相，高矮胖瘦不尽相同，其比例形态也因人而异。它只是从理论上对人体进行规律的总结，作为基本的参考，有助于我们在创作人物时对人体比例的把握。

> **四肢比例**
>
> 人体的四肢也有一定的比例关系。在人体的上肢中，上臂的长度大约为头部的一又三分之一，下臂大约为一个头长，手掌伸直后大约为头长的三分之二。人体的下肢总长大约在四个头长，从股骨大转子连线到膝盖大约为两个头长，从膝盖到足底大约为两个头长。

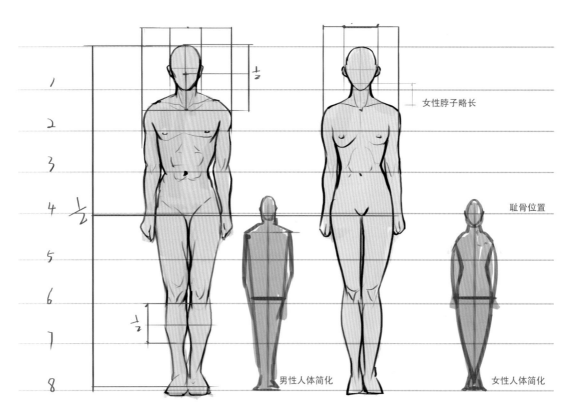

图 6-11　人体比例示意图

一般情况下，普通成年人的身高大概在七个半头长左右。艺术上则认为最佳的人体比例应该是八个头长，而英雄的形像多为九个头长。在这里，我们以八个头长为例，八个头长也更加直观，易于理解和记忆。不过需要注意的是，我们所了解的人体比例图多为平视投影，而在实际创作中，这种人体比例会受到视角或人物自身动作的影响，产生透视变化。

在人的生长过程中，随着年龄的增长，身体的比例也会有所改变，并且，男性与女性的身体比例也存在一定的差异。一般来讲，男人具有头骨方大、脖子略粗略短、喉结突出、盆骨略窄等身体特征，而女性则具有头骨圆小、脖子细长、肩膀略低较窄、盆骨宽、臀部翘等身体特征。

6.3.2　头部比例

我们常说，人头比例为"三庭五眼"，其中，"三庭"的比例是指发际线到眉间、眉间到鼻低、鼻底至下巴这三段大约相等的距离，而"五眼"则是指眼睛所在位置的正面宽度，即从脸边到外眼角、内眼角之间以及眼睛的长度总共五段大约相等的距离。

另外，眼睛所在的位置大约在头部的二分之一处，不过儿童和老人的眼睛略低。嘴巴的口裂处大约在鼻低至下巴的上三分之一处，并且两眼睛瞳孔的距离与两嘴角的宽度大约一致。

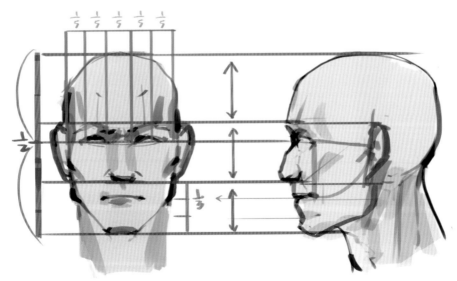

图 6-12　头部比例示意图

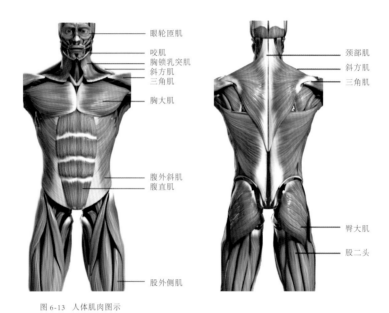

眼轮匝肌
咬肌
胸锁乳突肌
斜方肌
三角肌
胸大肌
腹外斜肌
腹直肌
股外侧肌

颈部肌
斜方肌
三角肌
臀大肌
股二头

图 6-13　人体肌肉图示

6.3.3 头部骨骼与肌肉

　　头部是角色设计的视觉焦点，所以绘制好头部对于整个角色造型来讲至关重要。

　　头骨对头部的造型影响很大，它决定了头部的外在形态。我们学习头骨结构的目的在于掌握头部的基本特征，了解头骨之间的结构穿插关系，这样有利于我们塑造出真实而又有体积感的头像。

　　如果将头部的整体外形进行简化，我们可以将其分为如图6-14所示的两部分，将它理解为球体与斜面方体的组合形态有助于我们记忆。我们还可以按照头部的形体结构，将其分为多个几何体的组合，如图6-15所示。在人头部结构当中，正面与侧面的区分还是较为明显的，在绘画中，我们要找到头部正面与侧面的分界，按照头部的比例关系与透视关系找准各部分的位置，这样才能使得绘制的头部具有立体感。

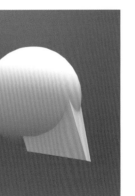

图 6-14　头骨简化示意图

　　绘制头部的时候，要注意头部两侧的对称轴与眼睛的位置，这个十字线在很大程度上可以表现头部的朝向或角色的面部特征，通过它还可以方便的找准其他形体的位置。

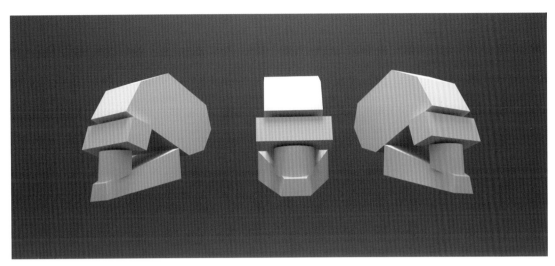

图 6-15 头骨简化示意图

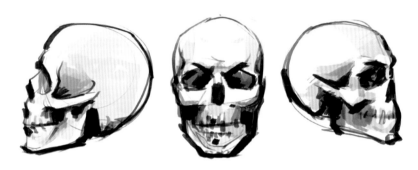

图 6-16 头骨结构草图

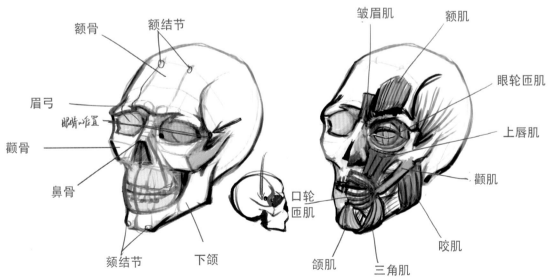

图 6-17 头骨骨骼与肌肉解析

在头部的肌肉中,有些面部肌肉并不是两侧均连接骨骼的,而是一侧链接骨骼,一侧链接面部,这些肌肉大部分都是用来控制表情的变化。当肌肉收缩时面部会产生皱纹,这些皱纹的方向与肌肉收缩方向相垂直。

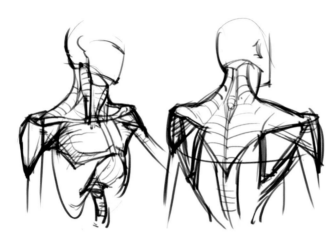

图 6-18 身体上部结构草图

6.3.4 身体骨骼与肌肉

身体的上部结构是人物角色的核心焦点区域,其形体的结构穿插及肌肉关系都非常的重要,并且也比较复杂。

在绘制过程中,首先要知道胸部骨骼的朝向,了解人体脊柱的形态是如何将头与胸部进行连接的。其次要掌握好胸锁乳突肌、斜方肌与锁骨、肩胛骨之间的关系,以及胸大肌的形态与连接关系。

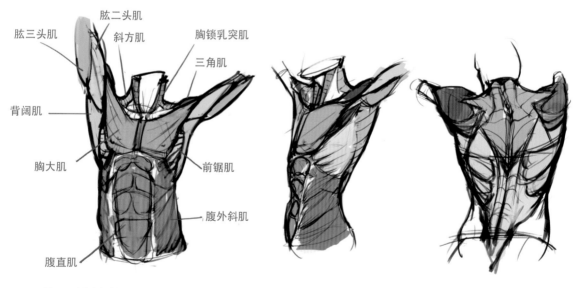

肱三头肌 肱二头肌 斜方肌 胸锁乳突肌 三角肌

背阔肌

胸大肌 前锯肌

腹外斜肌

腹直肌

图 6-19 身体上部结构

在塑造身体强壮的人物时，胸肌及手臂肌肉可谓是刻画的重点。其中，手臂上部的三角肌的结构需要认真理解，它连接着肩部与手臂的上部。另外还要掌握三角肌、肱二头肌、肱三头肌之间的穿插关系，以及前臂肌肉与上臂肌肉的关系。

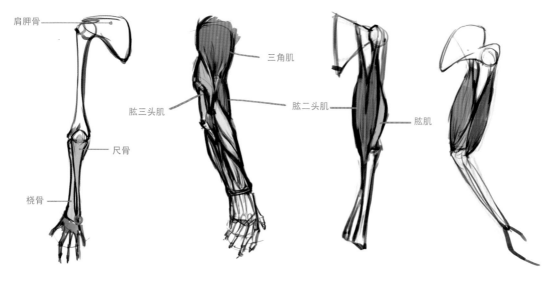

图 6-20　手臂结构示意图

身体的下部是主要的支撑结构，它与身体和上肢相结合，可以表达丰富的运动形态，其各项机能，不仅符合运动规律，而且还具有美学意义。

下肢具有重要的三大关节，分别是髋关节、膝关节和踝关节，这三大关节与肌肉有着紧密的联系，对着三大关节的理解，是正确绘制出腿部运动状态的基础。

在绘制的腿部的时候要注意不同部分肌肉的突起与收缩，并且要注意对腿部轮廓线的把握，如图 6-21 所示。人体的腿部呈现一定的韵律感，我们在绘画中切记不要将腿部轮廓画的对称。

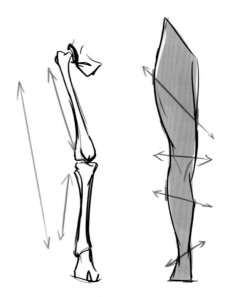

图 6-21　腿部的轮廓由骨骼与肌肉的形态决定

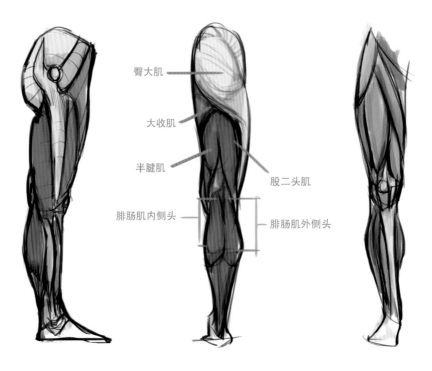

臀大肌

大收肌

半腱肌

股二头肌

腓肠肌内侧头

腓肠肌外侧头

图 6-22 腿部肌肉结构示意图

6.4 人体动态

人体动态的韵律

在绘画时，我们心中应该清楚一个问题，那就是什么是韵律，以及如何在画面中表达韵律。

韵律也可以说是节奏，其实韵律这一词多指歌曲的，每首歌曲都有它自身的节奏变化，而这种节奏变化就可以说是韵律感。在真实的生活中，也到处都体现着韵律，比如星球的运转、海水的潮汐、四季的更替、人体的新陈代谢等等，这些韵律在某种从程度上也生命的体现。人体的美感可以说是自古以来都在不断研究的课题。人体的各个组成部分不仅符合运动规律，而且其构成的动态姿势无不体现着韵律的变化。

我们在绘制人体动态时，首先要清楚人体各部分的组成方式。我们可以将人体简化为八个部分，分别为头、脊柱、胸腔、骨盆以及四肢，这八个部分的结构按照一定的韵律感进行组合，可以得到无数的动态姿势变化。这也是人体动态姿势设计时的关键要点。

善于利用木偶人

对于人物的动态设计，初学者可以通过简易人物模型来掌握人在空间中的各种动态，虽然这种模型的运动和实际发生的运动存在着一定的差异，但其动作示意可以调动我们的思维能力，作为实际创作中的参照。

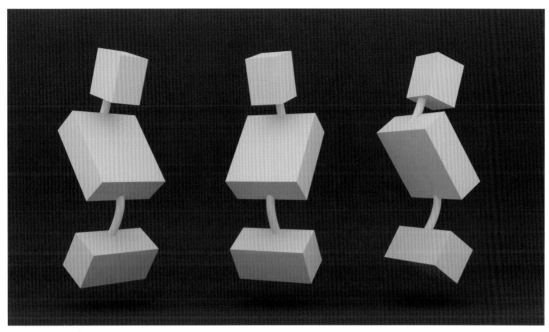

图 6-23　人体头、胸腔、骨盆之间的基本关系

在这八个部分当中，头、胸腔、骨盆的状态是身体的基本内容，我们首先需要清除这三个部分的组合与动态的关系。如图 6-23 所示，我们将这三部分用立方体来概括。可以发现，这种简化的模型很形象的模拟了人体的基本构造，并且体现着人体的韵律感。

人体是一个有机的、连续的整体，每部分的存在都有其道理。在示意图中我们可以了解到，人体颈部的前倾和胸腔的方向形成平衡的趋势，骨盆又与胸腔的方向相反，形成力的相对稳定。在这种平衡关系中，脊椎的形态是需要们认真理解的，因为脊椎的变化会带动这头、胸腔、骨盆运动，从而改变他们的状态，进而带动四肢运动。可以说，脊椎的造型在很大程度上影响着人体的动态构成。

我们在绘制人体姿势的时候，要注意用线的韵律，不要把形体画的太对称，尤其是对人体结构的概括上尽量不要出现对称的线条。

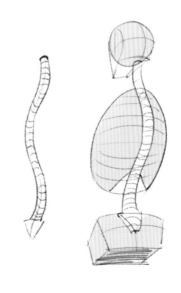

图 6-24　人体的脊椎形态示意图

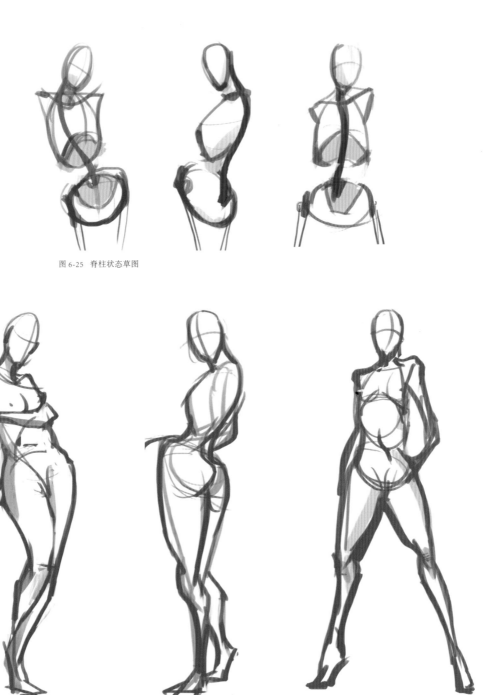

图 6-25　脊柱状态草图

图 6-26　动态人体草图

6.5 女弓箭手设计案例

有了前面的能力训练，接下来我们以具体角色为例来进行绘制演示，这里我们将设计一个幻想女弓箭手角色。

首先，我们要明确心中想表达的概念。本例中的女弓箭手是带有一定科幻色彩的，所以再设计中可以添加一些战甲元素，并且角色所使用的道具也应该具有科幻色彩。女弓箭手应具有一定的灵活性，所以在装备设计时要尽量简便，避免太过繁琐。与此同时，角色的女性美感也要有一定的体现。

接下来，我们开始具体的绘制演示。

6.5.1 确定角色姿势

角色的应具备一定的姿势，我们可以利用上一节学习过的与人体动态有关的知识，来设计人物的姿势。如图 6-27 所示，我们通过确立头、胸腔、骨盆的关系，建立起女弓箭手的基本姿势。

作为一个女性角色，在确定动作姿势的时候，要注意其身体比例的关系。特别是脖子的长度、肩部的宽度、骨盆与腰部的宽度等比例关系。

快速的描绘出草图可以给我们提供一个大的移向，人体的这一阶段可以稍微放松些，当大体姿势确立后，我们可以将当前图层的透明度降低，再新建一个图层，将新建一个图层,用来明确身体的基本外形，如图 6-28 所示。

图 6-27 动态人体草图

图 6-28 进一步明确形体姿势

6.5.2 铺色

角色的基本型确立后，我们可以对其进行铺色。铺色的过程其实也是划分形体的过程，我们将不同的视觉元素通过色块区分开。

铺色的颜色要选择与物体本身固有色接近的颜色。其实严格的来讲，物体本身是不存在绝对的固有色的，所以这一步所上的颜色并不一定十分准确，它只是一个大的参考，在后续我们还会不断进行调整。我们可以大胆的取想要的颜色。

铺色后的效果其实有些类似三维分层渲染中的漫反射层。它代表了物体的基本颜色，虽然铺色后的形只是平面的，但这种效果其实已经比较接近我们的视觉感受了，它其实是一种类

图 6-29 整体铺色

图 6-30 整体光影

似阴天条件下的大气漫射照明效果。只是缺少一定的环境光闭塞而已。

6.5.3 确定基本光影

铺色完成后，我们需要确定光源的位置，然后依照光源的位置来确定形体的基本明暗关系。

我们通过光影理论基础一章的学习中知道，光线是具有衰减属性的，所以我们可以将整个人看作一个"球"，光线从左上方打下来，在形体上呈现明暗的衰减过渡。

整体光影关系的建立是接下来塑造的基础。这种绘画方式有利于把握整体，不会画的琐碎，并且很好地将目光聚集在光线最强的地方，与此同时，这种衰减也体现着空间的存在与真实。

我们可以锁定铺色的图层的透明度，然后使用柔边画笔绘制明暗关系。当然也可以使用渐变工具再配合相应的叠合模式在完成基本光影的绘制。

6.5.4 形体的刻画

基本光影确定后，我们需要再一次对形体进行明确。这一步中，刻画的重点在于表达出不同的视觉元素的结构。

其中，头部是角色造型的视觉焦点。我们在刻画头的时候，要注意角色自身的神情气质。对于女性头部来说，造型相对柔美，没有明显的肌肉结构，绘画的重点在于找准头部的眉弓、鼻梁、颧骨的结构，把握头部的正面与侧面的转折，体现头部的体积感。另外，描绘女性脸部时，不要留下过多的笔触。

图 6-31　头部基本刻画

手部的形态也比较复杂，可以说手指的动态也是一种视觉语言。手部基本可以分为两个部分，即手掌与手指。在现实世界中，这两部分的比例大致相等，不过在表现女性角色时，可以将手指画的长度加大一些，细长的手指更能显出手部的美感。

在实际绘画中，要明确每个手指的长度是各不相同的，手指的关节部位要适当弯曲，我们可以先画出手的整体结构，以及手指的关节所在位置，然后在慢慢细化手部的线条。

图 6-32　手部基本刻画

图 6-33 进一步刻画出布料与机械盔甲

6.5.5 关于材质

我们可以将材质理解成是描述物体如何反射和传播光线的概念。从这一概念中，我们就能了解到反射对于材质表现的重要性。

不同的材质，其粗糙程度、光滑程度、软硬程度都是不一样的，而这种因素可以说是物体的固有质地，比如布料由于表面粗糙、柔软，其呈现的漫反射现象使得布料高光很大很柔和，而对于金属物体，其表面剪影、质地光滑，使得金属物体的高光呈现亮而小的状态。

金属材质有些可能是涂漆的，也可能是陈旧的，使得表面的质地与磨损处的质地不同，一般来讲，金属的磨损常出现在物体的棱角处。

材质除了固有的质地以外，起表面的纹理也是质感表现的重要因素。不过需要注意的是，贴图的建立是要在材质的基础上进行。

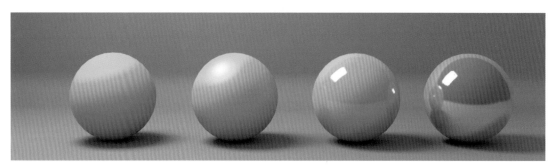

图 6-34 不同材质示意图

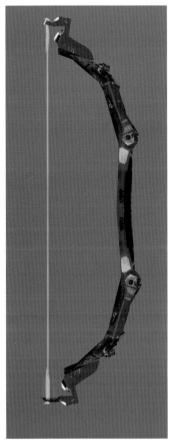

图 6-35　弓箭的概念设计

6.5.6　道具设计

在动画、影视和游戏中都需要大量的道具设计。场景中道具的作用有以下几个方面：

一是烘托人物角色。道具的设计要与人物性别、特点、功能、身高、比例等相吻合。好的道具可以提升画面的美感，使人物角色更加饱满。

二是展示人物内心世界，比如《超凡蜘蛛侠 2》中的手型蜘蛛丝，渲染出了主角为了救爱人的急切心情。

图 6-36　添加道具

三是塑造人物性格，如《X 战警》中的人物形象所搭配的道具都展现了不同人物的性格特征。

在本例中，我们为女战士设计了弓箭，作为幻想角色的主武器，弓箭的造型设计是提升人物气质的重点。在设计武器的时候，要注意武器自身结构与色彩的韵律，并且要与角色有一定的呼应。

在武器的上面的绿色灯光不仅能体现弓箭的科技感，而且还能烘托画面气氛，起到"画龙点睛"的作用。

6.5.7 最后调整与总结

最后，我们从画面整体的角度，将人物进行进一步的细化与调整，并且强调出角色整体的结构与质地。在本例还添加了绿色灯光的光晕，以及人物身体对绿光的反应，增加画面气氛。

通过本例的介绍，大家应该对人物角色的设计有了一个总体的认识，在此对绘画时应该注意的问题进行一下总结。

首先，在绘画之前要有扎实的绘画基础，良好的绘画基础是表达概念的前提。

其次，在绘制的过程中，应该对形体空间概念有一个深刻的理解，对于初学绘画的人来说，不能光追求绚丽画面，要不断地进行几何形体的绘画练习。我们的绘画创作是一个逐渐从大到小，从内到外的描绘物象结构的过程。

再次，由于数字手段的灵活性很大，我们在实际绘制的时候，不仅可以利用丰富的笔刷表现不同的质感，而且还可以利用位图素材进行合成。比如我们可以将纹理图案通过正片叠底或叠加的形式与绘制的表面融合，产生表面纹理质感。

最后需要强调的是，概念设计是一个综合性的设计过程，需要创作者具备一定的知识背景，并且要善于搜集素材、提炼素材，转化与组合素材。在实际的项目设计中，概念的表达会要求更加细致和完整，这也是概念转化为实际应用的保证。

本章作业

1.进行大量的结构与动态联系，绘制不少于 10 张动态姿势图。

2.自定角色概念，设计出相应的角色造型。

3.设计一个概念武器，表达其三个不同的角度。

图 6-37 最终完成图

图 6-38 概念设计师魏明（Allenwei）的角色设计图

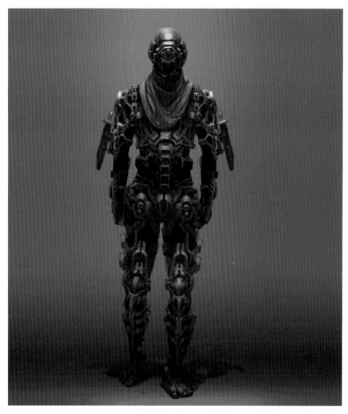

图 6-39 概念设计师魏明（Allenwei）的角色设计图

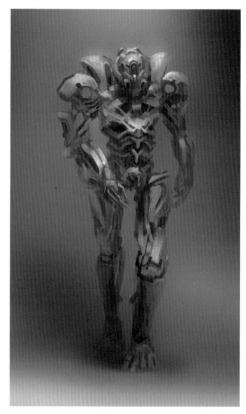

图 6-40 概念设计师魏明（Allenwei）的角色设计图

第七章 影视场景概念设计

7.1 自然环境的表现要点

自然景观的绘制是数字绘画的一大课题，学习的主要方法就是要加强对自然环境的观察力度，所谓最好的"老师"就是自然界，只有充分掌握自然界的存在规律，才能下笔有逻辑，才能在这个基础上创造真实与幻象。

自然景观的主要元素包括山川、岩石这类硬表面的物体，以及各种各样的植物、河流等。

图 7-1 概念设计师魏明（Allenwei）的场景设计图

一般情况下，大部分的数字绘景都或多或少地出现自然景观要素，但他们并不是主体物，更多的是为塑造空间感、丰富细节与色彩、衬托主题等服务。

7.1.1 山的表现

对于不同景别的山，其在画面中的表现形式是不一样的。对于场景中远处的山，其距离我们较远，由于空气中阻隔了很多的颗粒尘埃，导致我们看到的远景山细节并不十分丰富，反而近处的山峰细节清晰明了。随着距离的越来越远，山逐渐倾向于一种色块的表现形式。另外，我们还要处理好自然山峰在画面中的构成形式，通常山的表现并不会成为主体物，它主要

> **主题**
> 我们所画的内容，无论多么繁复或简单，它都要表现出所要反映的主题，就是所谓的中心思想。明确的中心思想是整个画面中的灵魂。

图 7-2 场景概念设计

是起到衬托的作用，所以我们处理好其与画面其他元素的比例构成关系。

对于不同景别的山，其在画面中的表现形式是不一样的。对于场景中远处的山，其距离我们较远，由于空气中阻隔了很多的颗粒尘埃，导致我们看到的远景山细节并不十分丰富，反而近处的山峰细节清晰明了。随着距离的越来越远，山逐渐倾向于一种色块的表现形式。另外，我们还要处理好自然山峰在画面中的构成形式，通常山的表现并不会成为主体物，它主要是起到衬托的作用，所以我们处理好其与画面其他元素的比例构成关系。

在绘制远山时，要体现好山的形，并且不要把山画的过于深暗，因为远处的山因为空气透视和大气等影响，大多都是明亮调子，其与近处山的明暗区分是比较明显的。远山的色调十分单纯，接近地面处稍带粉气，多层次重叠的远山，要通过比较，区分出它们微弱的色彩冷暖差异。夕阳光线下的远山，会有受光部的暖调和背光部的冷调之间的差别对比。受光部的颜色是光源色，背光部位的颜色是天光色，远山由于受到天空光的照射，并且因为环境雾效的影响，比较多的蓝色光在大气中漫射，所以偏向一些冷色，有补色效果。

图 7-3　场景概念设计

7.1.2 树的表现

树这类自然元素代表了植物类型，之所以拿树来分析，是因为树具有丰富的形态特征，并且，它也是数字绘画经常需要表现的自然元素之一。树的品种繁多，其形态特征和结构各有不同。并且不同时节、不同气候、不同光线，以及周围不同环境的衬托，树的颜色也会有丰富的变化。

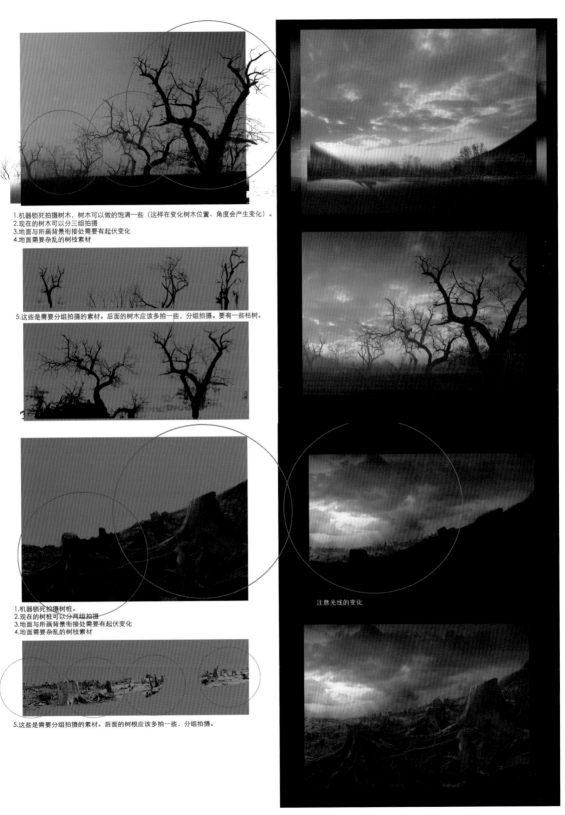

1.机器锁死拍摄树木,树木可以做的饱满一些(这样在变化树木位置、角度会产生变化)。
2.现在的树木可以分三组拍摄
3.地面与所画背景衔接处需要有起伏变化
4.地面需要杂乱的树枝素材

5.这些是需要分组拍摄的素材。后面的树木应该多拍一些,分组拍摄。要有一些枯树。

注意光线的变化

1.机器锁死拍摄树桩。
2.现在的树桩可以分两组拍摄
3.地面与所画背景衔接处需要有起伏变化
4.地面需要杂乱的树枝素材

5.这些是需要分组拍摄的素材。后面的树根应该多拍一些,分组拍摄。

图 7-4 树的形态与最终合成画面

我们在画树的时候，首先要体现树的整体特征，即树的大的基本形态，比如有的树干笔直向上，有的树干倾斜弯曲。确定了树的基本走势之后，再绘制出相应的树枝和树叶。

树除了具有变化丰富的外形，还具有一种类似人体的体态美感。我们要根据当前场景气氛来考虑所要表现的树的形体特点，因为树的不同形态体现着不一样的情绪变化。正如图7-5所示的树的形态就传达出一种阴郁的气氛。在绘制多棵树的时候，要考虑树与树之间的排列布局，不可胡乱绘制。树与树之间要考虑其疏密变化，考虑是否有光线透过，以及是否会形成相应的光斑，即把握好树的通透性。

另外，对于颜色来说，我们不能想当然地只使用一种绿色来表现树的颜色，因为不同条件下树的固有颜色会发生变化，故树叶之间的变化是丰富的，如果使用树叶笔刷进行绘制就要考虑是否打开颜色抖动等控制项。对于画面中一整片树丛来说，我们也不能孤立地看待一点，而要整体地比较着去画，区别开同类色中的丰富颜色倾向。对于处在场景远处的树丛来说，会被罩上一层蓝色冷调，从而偏向于蓝绿灰、灰绿等色相。

图7-5 概念设计师魏明（Allenwei）的场景设计图

7.1.3 水的表现

水是一直在运动的，但它有风平浪静的水，也有波涛汹涌的水。要想画好水需要我们对水的基本特征有一定的了解。

图 7-6 CG 艺术家 Craig Mullins 概念设计图

水最基本的特征就是反射和折射，一般来说我们主要表现其反射特性，但是对于不同情况，比如静水与动水两种情况，其反射效果都不一样。风平浪静的水类似于镜子，会产生镜面反射现象，我们将看到其反射周围的景物或是天空。这种静水主要靠水边的树、石、沙滩的倒影和水中帆船倒影来表现。但是如果我们打破了水

图 7-7 CG 艺术家 Craig Mullins 概念设计图

面的平静，那么清晰地反射也被破坏了，变成了漫反射现象。动水如江河水，因水底礁石、暗滩所阻不能顺利流淌，回流曲折，甚至形成漩涡涌出水沫，或因风力作用而产生波浪。

故我们在画水面时，我们要考虑水面的状态，是风平浪静，还是波涛汹涌。并且要考虑好反射和水面波纹的大小。溪流之水宜用流畅的线条来表现。海水汹涌澎湃。

水是一直在运动的，但它有风平浪静的水，也有波涛汹涌的水。要想画好水需要我们对水的基本特征有一定的了解。

水最基本的特征就是反射和折射，一般来说我们主要表现其反射特性，但是对于不同情况，比如静水与动水两种情况，其反射效果都不一样。风平浪静的水类似于镜子，会产生镜面反射现象，我们将看到其反射周围的景物或是天空。这种静水主要靠水边的树、石、沙滩的倒影和水中帆船倒影来表现。但是如果我们打破了水面的平静，那么清晰地反射也被破坏了，变成了漫反射现象。动水如江河水，因水底礁石、暗滩所阻不能顺利流淌，回流曲折，甚至形成漩涡涌出水沫，或因风力作用而产生波浪。

故我们在画水面时，我们要考虑水面的状态，是风平浪静，还是波涛汹涌。并且要考虑好反射和水面波纹的大小。

7.1.4 雾效的表现

雾是一种现实生活中常见的天气现象，是在大气状态稳定的情况下由于接近地面的空气冷却致使空气中的水汽凝结成细小的水滴而成的。大量的水滴悬浮于空中，自然能见度也就下降，所以往往会产生虚无缥缈、梦幻仙境的感觉。大量细微的灰尘粒子均匀地漂浮在空中，致使空气混浊不清，就造成了霾的现象。霾使远处光亮物体略带黄、红色。当空气中的水汽增加、空气湿度加大时，霾也就会转化成雾。

雾是一种现实生活中常见的天气现象，是在大气状态稳定的情况下由于接近地面的空气冷却致使空气中的水汽凝结成细小的水滴而成的。大量的水滴悬浮于空中，自然能见度也就下降，所以往往会产生虚无缥缈、梦幻仙境的感觉。大量细微的灰尘粒子均匀地漂浮在空中，致使空气混浊不清，就造成了霾的现象。霾使远处光亮物体略带黄、红色。当空气中的水汽增加、空气湿度加大时，霾也就会转化成雾。

雾霾是雾和霾的统称，也是现代现实生活中及其常见的一种现象，它已经不可避免地依存在人类身边。数字绘景中雾效的使用可以增加空间纵深感以及虚实远近的关系。对于观者而言，雾的浓度与物体的远近呈现出一种简单的线性关系，越是远处的物体，由于雾气的阻隔，更加趋近于朦胧的色块形态。之所以能看到雾，是因为雾在吸收光线的同时自身散发出一定的颜色。我们经常在数字绘景中增加雾效的方式来模拟现实生活的感觉，烘托气氛，增加观者的体验感和神秘感。

图 7-8　概念设计师魏明（Allenwei）的场景设计图

图 7-9　概念设计师魏明（Allenwei）的场景设计图

7.2 绘制方法与制作流程

7.2.1 科幻魔洞场景绘制过程

在这一小节，我们将设计一个科幻魔洞场景，其最终概念图效果如图 7-10 所示。

图 7-10　概念场景气氛图

在开始每一个场景设计之前，我们应参考大量的资料，从这些资料中思考出我们笔下的场景应该具备哪些基本元素，以及我们可以额外添加的其他创意性元素。对场景的前中后的布局进行合理的安排。而这一过程可以通过场景草图来快速表达我们的想法。可以结合参考资料，绘制出多种草图方案，从中选择最满意的方案将其绘制成完整的场景概念设计。

如图 7-11 所示，是为本例场景绘制的概念草图。我们可以在 Photoshop 中快速完成，将其作为独立的图层放在最上方，可以将其设置为正片叠底等图层模式，这样我们在绘制过程中

图 7-11　场景概念草图

就有了参照。

　　在这一阶段,主要设想的就是在画面中形成一种阴郁气氛,并且可以设想这是某种可怕生物的洞穴,洞口处的嘴型设计凸显出其危险性。场景中的土质、石块的属性是一种类似火山石灰,并且具有一种粘黏性的感觉,再设立一些竖起来的怪异石头,辅助烘托场面的气氛。

　　接下来我们开始具体的绘制演示。我们可以直接使用一张天空素材,有时候一张天空素材并不能直接满足我们的要求,还需要进行相应的调色过程,使得天空符合我们整个场景的气氛表达。这不仅能提高我们的绘制效率,而且天空所形成的整体氛围对我们后续制作也有一定的参照意义。

图 7-12　背景天空

图 7-13　按照草图搭建基本结构

在天空背景的基础上，继续添加素材，调整颜色，从整体的角度上搭建起一个基本的结构。这一步不需要花费太多时间，只需要按照我们所设计的草图，先搭建起一个大概的样子。

这一过程并不是完全准确，只是起到一定的辅助作用。画面中的山的结构还有待调整，素材的纹理比例也不符合我们所设计的场景景别，并且素材中的雪也不是我们想要的，保留它的意义在于起到一个整体的示意作用，并且从中能找到一些新的结构可能性。

我们将用新的材质和纹理比例替换掉刚建立起来的整体布局，在这一过程中，不要局限在仅仅使用素材，我们可以在合成素材的同时使用笔刷进行大体绘制。如图7-13所示的纹理素材比较符合场景的需求，不过面对这么多素材文件，我们应该明白哪些才是我们要用的，素材在整个创作过程中，更像一种"笔刷"，我们只不过是用素材进行绘画再创作。

我们可以使用曲线工具对素材进行颜色校正。素材中的石质颜色偏点紫色，所以在曲线工具中，我们要将红色通道的白场整体调低，这样画面中的亮部、中间调的红色信息都会减少，素材图片会偏向绿色，如图7-15所示。然后对其蓝色通道进行相应的提高，使得蓝色增多，这样素材图从颜色上就匹配了我们的画面，如图7-16所示。

图 7-14 石质材质的局部细节图

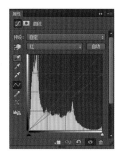

图 7-15

图 7-16

素材的颜色基本匹配后，我们还要对整个素材文件进行明度上的调节。原始素材中，亮部与暗部的对比过于强烈，在这里，将曲线工具中的白场部分向下压低，黑场部分略微提高，整体再稍微下调一些，使整个素材呈现一种灰色暗调。如图 7-17 所示。

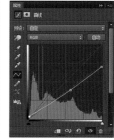

图 7-17　对素材进行校色

了解了素材调节的基本方法后，我们将反复使用图 7-14 中的素材对画面中的主体结构进行整体替换。效果如图 7-18 和图 7-19 所示。这种素材的反复使用手法是做概念设计经常使用的手段。

图 7-18　反复使用素材

图 7-19　反复使用素材

使用同样的方式，绘制出场景的地面部分。在素材的合成过程中，如果素材不够完整，我们可以直接用画笔绘制，也可以使用仿制图章工具进行修补，另外我们也可以使用智能填充的方式让 Photoshop 自动填补完整，然后再稍作修饰。

如图 7-20 所示，场景中基本的结构框架已经搭建完毕，整体的环境塑造也比较充分，接下来我们将对画面进行细节修饰与润色。

图 7-20　处理好整体结构

将画面中的魔洞口部分用套索工具选中，按下键盘快捷键 Shift+F6 打开羽化设置对话框，如图 7-21 所示，将选区的边缘羽化值设置为 20 左右。这样我们在调节颜色时就不会特别生硬。

当选区建立完毕后，可以新建一个色彩平衡调整图层，将选区部分的亮部颜色向蓝绿方向调节，如图 7-22 所示。

图 7-21　Photoshop 羽化选项

洞口部分的蓝绿色是内部有发光光源产生的，同时因为有一定的雾气，所以应该添加辉光效果。在中景图层上添加一个新的图层，命名为"雾"，在这一层上我们将绘制场景的烟雾效果。一般来说，这种附加效果都应该单独分层，方便我们后期随时调整。

图 7-22　添加光效

接下来我们将为整个场景添加一些光感。我们可以使用曲线调整图层，将画面整体进行提亮，然后在曲线调整图层的图层蒙版中，用黑色柔边画笔将不需要的部分去掉，从整体上把握画面的光感。

我们也可以使用同样的手段，将画面中的物体的受光部统一进行调节，经过反复的修饰，画面就会不断趋于完整，其最终效果如图 7-23 所示。

图 7-23　最终完成图

7.2.2 废墟工厂概念设计过程

有了前面的基础，接下来我们再来看一个废墟工厂的概念设计过程。

首先，大量的搜集素材和参考，从中挑出一些理想的素材作为我们设计过程的辅助，搭建起场景的基本结构，如图 7-24 所示。

图 7-24　建立场景基本结构

接下来就要安排好前景、中景、远景等各部分的内容和比例，以及一些基本元素的安排和布局。如图 7-25 所示，添加了滚车、烟雾、坍塌的脚手架、废水等画面元素。

图 7-25 添加更多的视觉元素

如图 7-26 所示，绘制场景的近景地面，为了更好的体现出场景的废墟感，在这里添加了废旧的钢管、碎石块、混凝土石块等。另外，利用图层之间的混合模式，可以直接将金属材质和脏旧素材的照片叠加到场景中，为场景添加更多的结构细节。

图 7-26 绘制出前景的废墟感

最后,对画面进行整体修饰与润色,最终完成效果如图 7-27 所示。

图 7-27　最终概念效果

本章作业

1. 从环境透视、色彩、光影等不同角度,进行场景小稿练习。

2. 选择一部科幻电影,并根据电影中的场景进行创作,主题内容不限。

第八章 高级数字绘画：Matte Painting 数字绘景

电影特效可谓是伴随着电影的诞生而诞生，而接景技术作为传统特技的合成方法之一，经历了从玻璃绘景到数字绘景的深刻变革。

在第一章，我们简要的提到了 Matte Painting 的概念，介绍了比较早期的绘景方式，而在本章中，我们将对 Matte Painting 数字绘景进行进一步地阐述，并结合实际案例，分析 Matte Painting 绘制过程中的一般规律，以对 Matte Painting 的创作起到抛砖引玉的作用。

8.1 Matte Painting 的介绍

在特效大片中，各种以假乱真的场面背后都离不开 Matte Painting 的功劳，它可谓是电影特效制作中不可缺少的方法。

Matte Painting 意为"遮罩绘画"，最初的 Matte Painting 是绘制在玻璃板上的，类似我们现在熟知的 Photoshop 的图层概念。将绘制好的背景放在实际拍摄的摄影机前，遮挡住需要替换的部分。还可以使用相机的二次曝光方法，将需要替换的部分遮挡住，然后将遮挡住的部分重新绘制并再次曝光，这样两次曝光后就得到了新的合成。

Matte Painting 的本质其实就是写实绘画，不管应用什么方式和方法，最终呈现出来的都是极具真实感的画面，也只有这样，数字绘景才能应用于最终的电影画面。

20 世纪 70 年代后，随着计算机硬件性能的不断提升，以及计算机图形学研究的不断深入，CG 技术越来越强大，这也

图 8-1 Matte Painting 艺术家 Albert Whitlock 正在为电影 *The sting*（1973）绘制背景

一些知名的 Matte Painting 艺术家

Michael Pangrazio

Yannick Dusseault

Dylan Cole

Dusso

Chris Thunig

Anthony Eftekhari

Mathieu Raynault

David Luong

Milan Schere

Max Dennison

Matte Painting 艺术家 Yusei Uesugi

Yusei Uesugi 出生于日本，毕业于武藏野美术大学。Yusei Uesugi 去美国向具有丰富合成经验的艺术家 Rocco Gioffre 学习。在 Rocco 的工作室里，Yusei 认识了 Mark Sullivan，他后来带领 Yusei 加入了工业光魔。

Yusei Uesugi 是 3D 环境创意的先锋者。他在 1994 年获得了最佳视觉特效的艾美奖，在 2003 年获得了最佳合成的 VES 奖项。

使得 Matte Painting 的制作不断趋于精细和逼真，从传统的玻璃绘景转变为全部数字化的写实接景，所以现在的 Matte Painting 也叫做"数字绘景"或"数字接景"。

电影《虎胆龙威 2》(1990) 是第一部使用数字合成真人片段与传统绘景的影片，由 Renny Harlin 于 1990 年拍摄完成。其中的 Matte Painting 用于最后一个场景，替换飞机跑道。如图 8-2 所示，艺术家 Yusei Uesugi 正在为电影《虎胆龙威 2》绘制 Matte Painting。

图 8-2　Matte Painting 艺术家 Yusei Uesugi

8.2 Matte Painting 合成基础

在前面的章节中，我们已经了解了透视、构图、光影等方面的知识，这些对于学好 Matte Painting 来说至关重要。除了具备最基本的写实美术基础以外，对合成技术的掌握也非常重要。在本节中，我们将介绍一些与合成有关的基础知识。

8.2.1 图像 8 位与 16 位的比较

在数字图像基本概念一节中，我们已经提到过关于颜色深度的知识，这里面涉及到图像的 8 位与 16 位的问题。如图 8-3 所示，是一张悬浮山的 Matte Painting 设计图。在这里我们以这张图为例，来实际观察一下 8 位图像与 16 位图像之间的区别。

我们先以每通道 8 位的方式来处理这张画面。

图 8-3　悬浮山数字绘景

　　首先，打开色阶工具，调整输出色阶，将黑色输出色阶调整为 100，白色输出色阶调整为 120，单击确定。我们可以发现图像基本呈现为一种灰色，如图 8-4 所示。

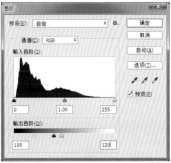

图 8-4　调整输出色阶

　　我们再次打开色阶工具，将输入色阶中的黑色值调节为 100，白色值调节为 120。这样我们的画面又会恢复正确的曝光，但是可以发现，图像已经严重丢失信息，呈现一种"阶梯式的色块"过渡，如图 8-5 所示。

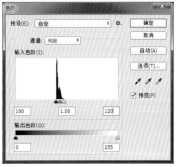

图 8-5　重新矫正曝光后图像信息丢失严重

我们重新打开这张图像，在图像模式菜单里，将每通道 8 位改成每通道 16 位。

同样的方式，打开色阶工具，调整输出色阶，将黑色输出色阶调整为 100，白色输出色阶调整为 120，画面和 8 位图像一样，呈现一种灰色，如图 8-6 所示。

图 8-6 调整输出色阶

我们再次打开色阶工具，将输入色阶中的黑色值调节为 100，白色值调节为 120。这样我们的画面又会恢复正确的曝光，但与 8 位图像不同的是，画面的色彩过渡依然平滑，如图 8-7 所示。

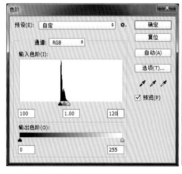

图 8-7 重新矫正曝光后图像信息损失较少

在实际绘制 Matte Painting 中，我们都要尽量使用每通道 16 位的模式，这样可以减少图像素材的颜色损失。

8.2.2 图层蒙版的作用解析

图层蒙版在图像合成中起到了"橡皮擦"的功能，但是它又和橡皮工具不同。橡皮工具是对原有像素的移除，而图层蒙版可以理解为暂时性的用一个"蒙版"遮住不需要的部分，如

果想再找回隐藏的部分，只需要修改蒙版的形状就可以把原始
图层信息再找回来。从这一点来看，蒙版的概念对于合成具有
重要的意义。接下来我们简单了解一下 Photoshop 的图层蒙版。

图层蒙版的功能有些类似 Alpha 通道，当我们添加图层蒙
版时，在通道栏中会有一个临时 Alpha 的通道。Alpha 通道用
于保存和编辑选择的区域，所以也可以用作图层蒙版。

一般情况下，直接点击图层蒙版按钮，会给当前选择的图
层添加一个白色蒙版。如果在按住 Alt 的键的同时，再点击创
建图层蒙版按钮，会给图层添加一个黑色蒙版，并且图层内容
被蒙版隐藏。

图 8-8 图层蒙版的设置

在实际合成中，素材的显示与隐藏就受到图层蒙版中的灰
阶控制。我们可以配合画笔工具，在需要的部分上，用白色绘
制使其保留，在不需要的部分上，可以用黑色绘制，将其隐去，
我们也可以用不同程度的灰色做两个图层的融合。

当我们双击图层蒙版时，会弹出"图层蒙版"设置面板，
如图 8-8 所示。在该面板中，我们可以像处理选区一样，对蒙
版的浓度以及蒙版的边界进行调节。

8.2.3 颜色匹配的相关工具

素材与素材的合成，除了基本的纹理比例匹配以外，颜色
与明度的匹配更是处理的重点和难点。在场景概念设计一章中，
我们提到过用曲线工具进行色彩的调节。在这一小节中，我们
将对常用的色彩调节工具进行简单整理说明。

Photoshop 为我们提供了丰富的色彩校正工具，其中曲线

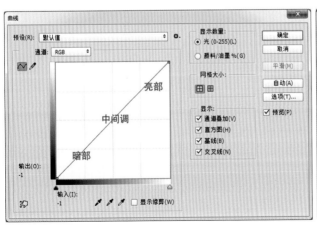

图 8-9 Photoshop 的曲线调整工具

图 8-10 Photoshop 的色阶工具

图 8-11 Photoshop 的色彩平衡工具

图 8-12 Photoshop 的匹配颜色命令

工具当属功能最为强大、用处最为广泛的调节工具。它与色阶工具的最大不同在于，色阶命令只能调节亮部、暗部和中间灰度，而曲线命令可以调节灰阶曲线中的任意一点，从而可以让曲线工具完成出非常复杂的调节任务。

色彩平衡命令也是我们常用的调色工具，我们可以分别选择"阴影""中间调"和"高光"，来对图形的不同部分进行分别调节，不过它的调节并不能像曲线工具那样进行精确的调整。

亮度 / 对比度以及色相 / 饱和度命令在处理场景中的远近关系上会非常简单、方便。

匹配颜色命令在匹配素材颜色方面非常有用，它可以匹配图像与图像之间的颜色，也可以匹配图层与图层之间的颜色，不过结果并不总是令人满意的，其结果也只是为我们提供一个可选择的参照。

8.3 科幻山景 Matte Painting 制作解析

在这一节中，我们将分析一个科幻山景的 Matte Painting 制作案例，其效果如图 8-13 所示。

图 8-13 案例效果

1. 草图的绘制

草图的绘制是至关重要的步骤，在这一步需要把构图、光线气氛都设计好。一开始粗略地绘制出大体气氛，不必关心一些微小细节，但要确保整体的设计能够清楚地表达主题，同时还要符合实际项目的要求。

当所有构图都完成以后，刻画出各个景别最基本的明暗关系和较大的形体轮廓，并对整个空间进行布局，为接下来的 Matte Painting 绘制做准备。

图 8-14 概念草图设计

2. 远景山的合成

从这里开始，属于 Matte Painting 的合成绘制阶段。在开

图 8-15 合成远景

始之前，我们要提高一下工程文件的分辨率，这样可以保证制作的图像质量及细节足够高，并且还要设置文档为每通道16位。

远处山的合成需要考虑到空气透视的影响，即远处的山和云的反差比较小，由于绘制的是整个夕阳下的感觉，所以山的受光面会偏暖，背光面会偏冷，总体稍微偏蓝。

3. 添加中景的高山

在合成这种山景的时候，需要注意光影结构的统一，以及整体颜色的和谐。另外还要注意山体要有彼此的结构关系，不能出现混乱的场景布局。

图 8-16 合成中景高山

4. 添加中景的细节

如图 8-17 和 8-18 所示，添加植被，合成较近一点的树丛。

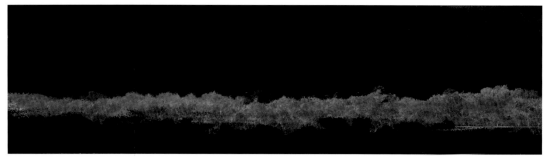

图 8-17 植被元素

图 8-18　添加树丛

5. 中景山体的绘制

中景山体的结构较为明确，所以绘制时要把握好山体的结构穿插关系，另外中间部位将会合成瀑布作为整张图的视觉中心。

图 8-19　合成中景元素

图 8-20　合成中景元素

6. 添加前景元素

前景的添加可以更好地拉开整个场景的空间关系。由于前景距离靠前，所以反差较为明显，并且前景的质感纹理比例不能和中景一样，要有所区别。另外，山体的背光处不能过于死黑，要透气。

图 8-21　前景元素绘制

图 8-22 添加前景元素

7.增加画面气氛

添加环境的雾效、光效以及对环境进行校色，以增强画面的气氛。需要注意的是，在绘制光效时不要留有笔触痕迹。

图 8-23 添加空气透视及光效

8. 最终合成

合成瀑布，完成最终校色。最终画面效果如图 8-24 所示。

图 8-24 最终合成效果

本章作业

1. 进行不同素材之间的合
成匹配练习。

2. 设计一张概念场景，并
制作成完整的 Matte Painting。

第九章 数字绘景与 3D 结合

9.1 Matte Painting 中三维素材的制作流程

随着数字技术的发展，越来越多的 Matte Painting 项目是通过 2D 与 3D 的混合制作方式完成的，特别是复杂的 Matte Painting 绘制更离不开三维素材的使用。

由于 Matte Painting 需要的是分层的 2D 图像，所以其对 3D CG 素材的要求也主要是静帧渲染。三维素材从建模到渲染，所要经历的步骤并不会特别复杂，基本的制作流程即可满足大部分 Matte Painting 的制作要求。接下来对三维素材的一般制作流程进行简要的介绍。

9.1.1 建模

模型的精致程度与最终渲染图像的真实程度密切相关。所以三维建模在整个制作过程中的地位非常重要，它是一切后续操作的基础。

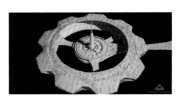

图 9-1 3D 模型示意

与实际制作模型相比，虚拟环境下的模型搭建会有些不同，需要我们掌握一定建模方法和制作思路。在开始建模时，要先思考所创建模型的基本特征，选择最快捷、方便的建模方法，合理规划好布局结构，然后再开始动手创建模型。图 9-1 至图 9-3 所示，是概念空间站的 3D 模型效果。

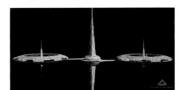

图 9-2 3D 模型示意

图 9-3 3D 模型示意

9.1.2 材质

三维软件中的材质是对虚拟物体的表面属性进行描述，即对象与光线的作用方式。在图形技术领域，其专业词汇叫做"shading（明暗处理）"，它用于描述物体表面材质属性是如何变化的。一般将编辑好的材质程序叫做"shader"。如图9-4所示，是一个古建筑场景的模型效果，建筑模型上已经赋予了纹理贴图。

图 9-4　模型的材质与贴图示意

图 9-5　模型的材质与贴图的渲染效果

我们要了解材质与纹理的关系。纹理属于物体的表面特征，并非其内在质感属性，就好比一个画了布纹的金属球体，不管表面什么纹理，其依然会让我们感觉到是金属球。这是因为金属球体具有高反射、高光明显、表面光滑等属性。这就是表面纹理与质感属性的区别，而材质是质感与纹理的结合体。

在调节材质的过程中，通常要使用各种纹理贴图来控制不同的材质属性。这样纹理作用范围就不单是作表面纹理了，它还可以用来控制反射、折射、和其他特殊效果。如图 9-6 所示，是一个调节好的材质球效果。

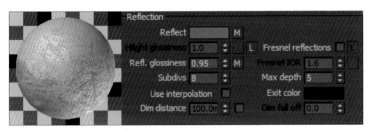

图 9-6 材质调节示意

真实世界的材质大部分都是带有凹凸、脏旧的。所以调节材质时要考虑是否制作凹凸质感、磨损效果。另外，菲尼尔反射 (Fresnel reflections) 也是重要的考虑因素。木质、塑料、皮革、大理石等材质使用的 Fresnel IOR 大约在 1.6~5.0，金属的 Fresnel IOR 大约在 10~20，任何 Fresnel IOR 值超过 25 其反射就会像镜子一样。当然也可以使用 Falloff 程序贴图来进行 Fresnel 的调节，这样会得到更多的参数控制。

在调节材质的时候，首先要对所要调节的材质有一定的分析和理解，然后合理规划好材质的层级关系。另外，材质和灯光都会对模型的渲染效果产生影响，所以要综合考虑这两个因素。

9.1.3 灯光

为了达到逼真的效果，除了精良的模型和真实的材质效果以外，还需要综合考虑灯光的设定，一个好的灯光设定可以让作品更有氛围。如图 9-7 至图 9-9 所示，是 CG 艺术家 Alex Roman 的 CG 短片 *The Third & The Seventh* 中的画面，我们从中可以感受到光对气氛营造所起的作用。

三维软件中的灯光类型有多种，例如直射灯、聚光灯、泛

图 9-7　CG 艺术家 Alex Roman 的 CG 短片 *The Third & The Seventh*

图 9-8　CG 艺术家 Alex Roman 的 CG 短片 *The Third & The Seventh*

图 9-9　CG 艺术家 Alex Roman 的 CG 短片 *The Third & The Seventh*

光灯等，它们均用来模拟现实世界的照明。假如我们要模拟太阳光照，我们已经知道，太阳距离地球非常远，那么太阳光线可以近似看作是平行光线。所以，我们在三维软件中模拟太阳光照时需要使用平行光。

当然，不同的渲染器类型所提供的灯光也有所不同。例如 Vray 渲染器就提供了很多光源，其中 Vray sun 用来模拟太阳光照。Vray sun 的高度变化可以模拟出不同时分太阳的光照效果。它也可以与 Vray sky（Vray 天空）做关联，这样太阳高度的变化也会影响 Vray sky 亮度与颜色。

值得一提的是，在照明方面，我们会经常用到 HDR 贴图来照亮场景。HDR 的全称是 High Dynamic Range，也就是高动态范围图像。HDR 文件是一种特殊的图形文件格式，它的每一个像素不仅包括普通的 RGB 颜色信息，还包括了该点的实际亮度信息。所以每个像素的灰度范围就不只是我们常见的 0~255 了，因为这个范围远远满足不了真实情况的亮度范围要求。比如从一个太阳的亮度到场景中最黑的物体之间的灰度范围已经远远超过了 8 位位深度所能容纳的灰度信息。

HDR 图像有足够的能力保存光照信息，它记录信息的方式不再是非线性的压缩到 8 位或 16 位的色彩空间，而是线性的直接记录。这使它能记录的亮度范围变得非常广泛。

一般作为环境用的 HDR 图像都是全景图像，用这样一张贴图来照亮三维场景，可以还原出拍摄 HDR 图像时的照明情况，并且可以让物体反射 HDR 图像中的环境效果，这样渲染出来的模型会非常匹配 HDR 环境，使图像完美地融合在实景中。这在电影特效行业中是一种经常使用的技术，如图 9-10 和图 9-11 所示，是电影《复仇者联盟》（*Marvel's The Avengers*）中，用于制作 CG 纽约城市时用到的部分 HDR 图像。

图 9-10　HDR 全景图

9.1.4 摄影机

当场景布置完成后，可以创建一个虚拟摄影机来模拟现实世界中的相机拍摄效果。

图 9-11　HDR 全景图

图 9-12　虚拟摄影机下的渲染的两张画面

虚拟摄影机提供了丰富的设置选项。例如 Vray 渲染器提供的 Vray 物理相机（Vray Physical Camera）不仅仅包括了传统相机所应该具备的光圈、快门、感光度等设置项，还提供了更多的镜头焦距设置、片门大小、中心偏移、散景特效等等更全面的功能。如图 9-13 所示，可以看出虚拟摄影机完全不逊色于专业的单反相机。

另外，景深效果也是相机的一个重要特性。在摄影上，光圈越大、焦段越长，景深效果越模糊；光圈越小、焦段越短，景深效果越清晰。不过，在三维软件中模拟景深特效时，我们通常不会使用虚拟摄影机的景深选项来直接渲染出景深特效。因为这会增加渲染所需要的时间，而且不方便后期的再次调节，特别是制作动画时，将会耗费大量的时间。所以，我们通常会渲染 Z-Depth 深度通道，然后通过后期合成的方式来制作景深特效，如图 9-14 所示。

图 9-13　Vray 物理摄影机的相关参数

图 9-14　深度通道与景深效果

深度通道是一种灰度图像，作为 2D 图形，计算机并不能直接分辨出场景的远近，但是可以间接地通过深度通道来识别远近。景深通道中越黑的地方距离摄影机越远，越白的地方距离摄影机越近。所以，通过这种方式，就可以在 2D 平面上分辨出哪里远哪里近。

深度通道有很多重要的作用，其中用于调节景深是比较常见的应用。我们可以在后期软件中添加镜头模糊滤镜，或者使用特定的镜头景深插件，调节不同景深的模糊程度。还可以将调节的参数设置为关键帧，来制作景深变化的动态效果。

9.1.5　渲染

渲染是计算机进行一系列复杂运算的过程。它计算模拟出模型在所设定的材质、光照、摄影机等条件下的表现效果，输出并存储为数字图像。

需要注意的是，在渲染成品之前要做很多测试渲染的工作，并且要设定好最终渲染时的出图参数，平衡好速度与质量这两个重要因素。

一般情况下，制作 Matte Painting 的三维素材一般都是分

图 9-15　Vray 中的部分渲染元素

图 9-16 场景模型与渲染效果

层渲染的，以方便我们对素材进行更精细的调节。如图 9-15 所示，为 Vray 渲染器中的部分渲染元素。

一般来讲，分从通道的主要作用是方便我们后期合成时建立选区。比如我们可以渲染输出直接光照通道，在后期合成的时候，就可以单独选择出受直接光照影响的部分，从而单独调节直接光照效果。

9.1.6 后期合成

有句话叫"三分渲染七分后期"，道出了后期合成的重要性。最终画面的好坏很大程度上要依赖于后期合成的效果。它是将实拍素材与三维素材进行整合、完善并创作出最终镜头所需要的 Matte Painting 的过程。

合成并不是简单的图片拼接，它需要创作者具有一定的写实绘画基础，并且对真实影像构成要素有一个全面的了解。如图 9-17 所示，是电影《大侦探福尔摩斯 2》(*Sherlock Holmes 2*) 的特效演示，我们可以看到，绿布抠像区域的背景被换成了由三维制作的楼体，经过后期处理，Matte Painting 与影片实拍部分无缝衔接在了一起，最终画面非常逼真。

图 9-17 影片《大侦探福尔摩斯 2》(*Sherlock Holmes 2*) 的特效演示

9.2　3D　Matte Painting 的案例解析

9.2.1　案例一

如图 9-18 所示，是制作的一个大全景 Matte Painting 效果图。这里面的建筑均是三维模型。虽然建筑在画面中的位置较小，但是为了达到更逼真的画面效果，建筑模型的细节程度依然很高，部分模型效果如图 9-19 所示。

由于 CG 图形是从模型、材质、灯光、渲染等特定算法计算出来的，它完全是计算机模拟现实物理现象所得出的结果，在这之间或多或少存在一定的差异。这就需要创作者具有一定的美术功底，能够把控 CG 的整体真实度。

图 9-18　3D Matte Painting 场景图

图 9-19　场景中用到的部分模型示意

三维软件可以将图形做到完美无瑕，但这在真实世界中很少存在，它会给我们带来不真实的感觉。所以，在制作模型以及调节材质的时候，要考虑到真实世界的不平均的特点。

一般来讲，物体的材质是存在变化的。比如在制作金属材质的时候，金属表面可能会因为脏旧感而降低反射程度，这样就有了干净部分的高反射与脏旧部分的低反射的差异，以此类推，还可以有磨损部分的质感与涂漆部分的质感之间的差异，这种丰富的变化才是真实的基本要素。

图 9-20　模型材质的真实性考虑

有了这个思路我们不难了解，对于物体上不同质地的部分，要用不同的材质来表达，我们可以通过绘制 Mask 来混合两种材质。

一般来讲，磨损的部分常出现在物体的边缘、凸起或向外转折等部分，脏旧常出现在物体的凹陷、接缝、遮挡处等部分。为了快速的模拟这种效果，Vray 渲染器提供了一个强大的 Vray dirt 材质，它可以自动检测模型的边缘，通过它我们可以为模型边缘添加不同材质效果，从而模拟出脏旧的质感。

在这个案例中，使用了 Vray sun 作为主光源，辅助光源为天空光。由于整个场景是设定在黄昏时分，黄昏时分太阳角度偏低，阳光透过厚厚的大气层到达地面，绝大部分的蓝紫色短波光线被大气层吸收并扩散到天空，较多的橙红色长光波光线到达地面。为了模拟这种效果，我们将 Vray sun 照射角度变小，光照效果会自动根据 Vray sun 的高度作出变化，并且 Vray 天光也会做出相应的反应，以模拟现实世界中的自然光照系统。

渲染的时候主要出直接光照、间接光照、以及 AO 等分层通道，方便后期的细致调整。其中 AO 的全称是 Ambient Occlusion，意为环境光闭塞。该通道可以单独计算出环境光闭塞部分，用来描述物体与物体之间的互相遮挡。

使用 Vray dirt 材质的思路

创建两个 Vray mtl 材质，分别调节两种材质效果，材质 A 是磨损后露出的材质，材质 B 是表面原有材质，分别将这两个材质添加到 Vray Bland mtl 材质中，A 作为基础材质，B 作为覆盖材质，然后使用 Vray dirt 材质作为 MASK 将这两者进行融合。使用一张脏旧的遮罩贴图，用来控制 Vray dirt 的半径值。并且勾选翻转法线设置项，这样模型的磨损边缘会更多。

图 9-21 AO 通道图

如图 9-21 所示，是该案例用到的 AO 通道的局部。在后期合成中，其应用方式是以正片叠底的混合模式与其他图层相互作用。我们可以使用 AO 通道解决或改善模型漏光、阴影不实、轻飘等问题，让场景中的缝隙、细小物体、褶皱等细节变得清晰，增加整个图像的厚重感和真实感。

在渲染的时候，我们还要根据画面的前、中、后的关系分别进行渲染输出，最后导入到 Photoshop 中进行后期合成。

9.2.2 案例二

如图 9-22 所示，是一个为特技镜头制作的手工微缩模型，模型以外的部分是需要绘制成 Matte Painting 的，整个气氛是一个阴天条件下的古建筑全景。

首先我们要根据已有的建筑，制作出其他几种建筑样式，建立起属于该场景的模型资源。另外模型的材质也要匹配当前素材的效果。

由于景别很大，并且基本设定为阴天条件，所以模型的

图 9-22 北京电影学院联合作业短片《风筝》中的手工微缩模型，用于制作电影特技镜头。

细节程度可以根据距离的远近进行适当的优化。这样可以提高场景制作的流畅度，并且节省计算量与时间。如图 9-23 所示，是为该场景制作的部分 3D 模型。

模型建立好以后，我们就可以开始搭建起三维场景，不过这里涉及到如何匹配已有素材透视的问题。在透视基础一章中，我们已经介绍过基本的匹配透视的方法，在这里我们将使用新的方式，更加准确、高效的完成场景的透视匹配。

首先，我们需要简单分析一下该素材的透视。如图 9-24 所示。

我们将这种分析图作为背景，在三维软件中使用透视匹

图 9-23 为场景制作的部分三维模型示意

图 9-24 分析场景透视

配工具来匹配参考图中的透视线。透视匹配工具的主要原理就是按照已有素材的透视线,来矫正虚拟空间的透视。需要注意的是,在原始素材的每个消失点上,需要找准两个参考线才能在三维空间中找准其对应的消失点的位置。

透视匹配好以后,我们就可以建立起摄影机。摄影机在这里是关键的。首先该素材本身是固定镜头,所以我们的摄影机也不需要匹配运动数据。我们搭建的模型效果在摄影机的画面内是要完整的,而对于摄影机看不到的地方,我们可以简单制作甚至不做。如图 9-25 和图 9-26 所示,是根据已有素材建立

图 9-25　三维软件中的匹配透视与场景搭建

图 9-26　三维软件中的场景图示意

起的三维场景。

　　需要注意的是，由于场景的模型较多，我们应该按照模型的类别、景别、名称等对其进行分层归类，这样有助于场景的管理以及分层渲染的输出。

　　对于阴天场景的灯光设定来说，主要是均匀的天空漫反射照明，所以在本例中并没有设定过强的直接光照，而更注重对天光的模拟上。在这里只用了一张阴天的 HDR 动态图像作为整个场景的灯光光源。之前我们提到过，HDR 的亮度范围很大，可以使用这样一张贴图来得到更好的光照效果。如图 9-27 所示。

图 9-27　使用阴天的 HDR 图像照亮场景

　　图 9-28 所示的是使用该 HDR 贴图进行的光照测试效果。

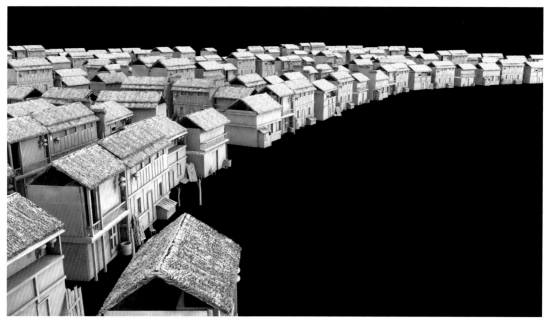

图 9-28　HDR 灯光测试

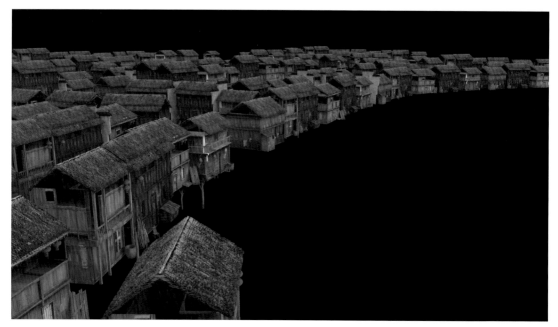

图 9-29　使用阴天的 HDR 图像渲染场景

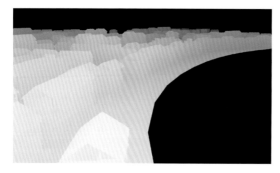

图 9-30　渲染输出深度通道

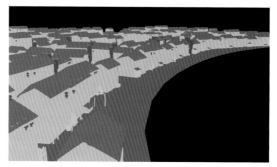

图 9-31　渲染输出 ID 通道

　　在本例中，要渲染出三维素材的深度通道以及相关元素的 ID 通道，这样方便我们后期调节远近关系以及前后景深。其中 ID 通道就是为每个编号的元素分配不同的颜色块，这样方便我们后期进行局部选择和调整。

　　渲染好三维素材后，接下来我们就要进入 Photoshop 中进行 Matte Painting 的合成了。

　　首先我们要把原始素材中需要保留的部分抠下来，为后续合成做准备，如图 9-32 所示。

图 9-32 抠出原始素材中需要的部分

接下来，将我们渲染好的三维素材合成到场景中。这一过程要注意颜色的匹配，以及与其他素材的混合运用，如图 9-33 所示。

图 9-33 合成三维素材

　　绘制出远处的天空与山脉，使得场景能够延伸到远处。处理远景时需要注意空气透视的运用。对于水面来讲，在实际项目后期还会被替换，所以这里只做示意性说明。

图 9-34　合成远景天空与山脉

图 9-35　对水面进行简单处理

图 9-36 最终完成的 Matte Painting 效果

　　整个场景基本绘制完成后，接下来就是对其进行最后的润色。由于该场景设定的是阴天环境，整个画面的基调应该是偏天光的冷色调，所以我们将画面整体的红色降低，蓝色信息提高。并且将场景压暗一些，来传达一种阴郁、萧条的画面气氛。并且将远处稍微提亮一点，保持远处的通透感，可以增强画面的纵深空间。调整完成后的画面效果如图 9-36 所示。

　　通过本例的制作解析，我们应该能够感受到三维素材对于数字绘景的重要辅助作用。不过，三维软件的模块很多，系统而又庞杂，需要我们系统的学习才能掌握。而本章的重点主要是传达思路，即任何数字手段都可以成为绘画的工具。

　　在实际绘画创作中，我们要综合利用所学的知识，善于观察和总结，提高多方面的能力，不管软件多智能，总归是一种技术，如何应用，以及如何应用的好，才是我们需要考虑的重点。

9.3 了解三维投射

图 9-37　CG 艺术家 Sven Sauer 的作品

图 9-38　CG 艺术家 Sven Sauer 的作品

在本章的最后，是关于数字绘景运动镜头的简述。目的在于让同学们能够全面了解数字绘景的基本流程和方式方法。从而有助于开拓思路，创作出更好的作品。

我们都有这样的生活经验，当物体距离摄影机越近，摄影机运动时物体的相对位置改变就越明显，透视变化就越大；而当物体距离摄影机越远时，情况则正好相反，远处的物体相对运动幅度会变小。

利用这个原理，我们就可以将制作好的 Matte Painting 按照前、中、后的关系分别进行摆放，即将前景放置在距离摄影机相对较近的位置上，一层一层逐渐退远，天空应该是最远的一层。这样当摄影机运动时，画面就会产生一种"假的"运动感觉。由于 Matte Painting 一般用作距离较远的背景，所以适度的运动摄影机并不会造成穿帮，观众也无法察觉。

如图 9-37 和图 9-38 所示，是 Matte Painting 艺术家 Sven Sauer 制作的场景，按照空间关系将层摆放好，这样摄影机运动就会感到真的有这样一个空间存在。但是，当摄影机运动角度变大时，这种方式就不再适用了，运动过大会让观众察觉这是一个"片儿"。

一些主流的合成与三维软件中还提供了摄影机投射的功能，例如 3Ds Max 的修改器中就有 Camera Map 修改器，它就是摄影机投射修改器。

三维投射技术的基本原理依然是将制作好的场景文件按照空间关系进行处理，使其产生空间感。不过这种投射是将图像投射到模型上。

如图 9-39 至图 9-41 所示，是一个 Matte Painting 的投射案例。我们首先按照绘制好的场景图，制作复合其结构的场景简模，然后在摄影机角度内，将分层好的每一部分图像分别投射到其所对应的模型上，如图 9-39 所示。这其实相当于给模型赋予材质贴图，只不过贴图的方式是按照摄影机视角进行投射的。

我们从其他角度来观察三维场景可以很明显的看到投射的作用效果。如图 9-40 所示，从侧面的角度看，贴图会产生空间内的拉伸，但从摄影机角度看却是正确的。当场景制作好后，我们要复制出新的摄影机用于渲染。只要摄影机运动幅度处在合适的范围内，场景的运动效果就能得到恰当的表现。

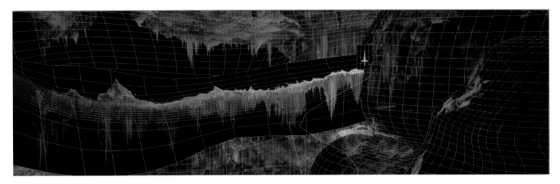

图 9-39 将分层的 Matte Painting 素材投射到简模上

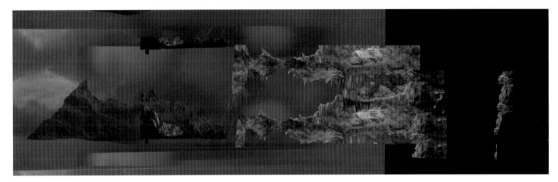

图 9-40 分层投射示意

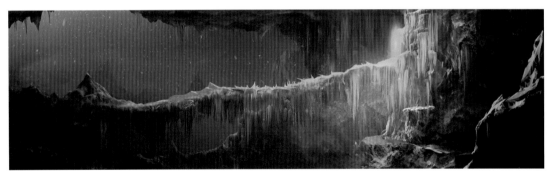

图 9-41 摄影机角度内的渲染效果

本章作业

1. 运用所学的绘画知识，进行一幅自然场景的 Matte Painting 练习。

2. 对作业 1 中的场景图按照前中后分层，并进行投射联系，渲染出一段摄影机运动镜头。

插图出处

图 9-1 至 9-6   图片由笔者提供

图 9-7 至 9-9   CG 艺术家 Alex Roman 三维短片 *The Third & The Seventh*

图 9-10 至 9-11   图片来自复仇者联盟的特效演示

图 9-12   图片由笔者提供

图 9-13   Autodesk 3Ds Max 2014 界面

图 9-14   图片由笔者提供

图 9-15   Autodesk 3Ds Max 2014 界面

图 9-16   图片由笔者提供

图 9-17   电影《大侦探福尔摩斯 2》特效演示

图 9-18 至 9-36   图片由笔者提供

图 9-37 至 9-38   CG 艺术家 Sven Sauer 的作品

图 9-39 至 9-41   图片由笔者提供

参考文献

《色彩学基础与银幕色彩》，王树薇著，中国电影出版社 1987 年版。

《美术技法理论——透视学》，缪彭、林小燕主编，岭南美术出版社 2004 年版。

《艺术与视知觉》，［美］鲁道夫·阿恩海姆著，腾守尧、朱疆源译，四川人民出版社 2005 年版。

《电影艺术辞典》，许南明、富澜、崔君衍主编，中国电影出版社 2005 年版。

《影视特技》，戈永良、史久铭、陈继章、顾锦龙编著，中国电影出版社 2006 年版。

《Maya 影像实拍与三维合成全攻略》，丁柯夫编著，清华大学出版社 2007 年版。

《CG 影视特效制作揭秘》，王怡峥编著，人民邮电出版社 2012 年版。

《印象 3ds Max 静帧的艺术》，CUT Studio、鲍永亮编著，人民邮电出版社 2012 年版。

《电影特技教程》（插图修订第二版），屠明非著，世界图书出版公司 2013 年版。

《分镜头脚本设计》，［美］温迪·特米勒罗著，王璇、赵嫣译，中国青年出版社 2006 年版。

致谢

数字绘景在现代电影的发展之中占有非常重要的地位，它贯穿于电影摄制的始终。数字绘画作为电影制作的重要手段之一，用来满足从导演到观众的各种需要。学好数字绘画也会对今后的影视创作提供新的想象空间。此书形成于我在北京电影学院研究生毕业的六年后，基于我的毕业论文发展出来，当然其中也包含了行业内优秀的数字绘画人员的经验和想法。期间也跟很多老师、同仁探讨过数字绘画创作观念和想法，从中收获良多。尤其感谢王鸿海老师、敖日力格老师、魏明（AllenWei）、马乔、潘树全等，还有墨极（MORE）影像制作有限公司提供的技术参考资料。希望此书能作为一门入门的数字绘画工具书，带给刚刚踏入这个行业的朋友们以帮助，也希望大家能在这本书的基础上找到自己的方法，创作出更多更优秀的数字绘画作品。

感谢在成书期间我的中央民族大学的学生们，尤其是李蕾、冯睿颖、范美玲、肖宗燊、戴顿、杨雪、沈立等。他们为了此书搜集和整理了大量资料。

愿中国的影视特技事业更加辉煌！

李光

2015.6